Pythonで超らくらくに数学をこなす本

―簡単な計算でも複雑な計算でも瞬く間に解く―

明松 真司 著

Ohmsha

まえがき

「食えない学問の代表格」。著者が学生だった頃の「数学」の世間一般からの印象といえばそんな感じでした。著者は高専（工業高等専門学校）情報系の学科から大学では数学科に進みましたが、工学から数学に自分の分野を鞍替えすると表明したときにも、高専の先生たちからは、「就職ができない」「お前が思っている数学と数学科の数学は違う」「工学部行け」「**数学科はやめとけ**」と散々止められた記憶が色濃く残っています。

今となっては、世間で「数学」という学問の重要性がしきりに語られるようになりました。なんと言っても大きなきっかけは **AI** や**機械学習**の一大ブームが到来したことでしょう。AI、機械学習のベースとなる学問が「思いっきり数学」なのだと世界中に広まったその瞬間から、「時代の流れに乗るためには数学を学ばないと」という機運が（特に IT 関係の仕事に携わる人の中で）大きく高まったことはもはや誰の目から見ても明らかなことでしょう。

しかし、学生時代に試験対策のために「公式を暗記せよ！」とばかり言われていた数学を、今になって突然「これは必須スキルです！」なんて突然言われても、なかなか当時のトラウマなんかが蘇ってきたり、数学を学ぶのはハードなことも多いですから、（特に社会人で日常業務に日々忙殺されていたりなどすると）勉強がどうしても続かなかったり、数学を学ぶ上でさまざまな悩みを抱えている人というのは数多くいらっしゃることを、著者もしきりに観測し続けてきました。

学生時代に学ぶ数学というのは、なんせ「数学という学問自体」を手と頭で理解することを前提に作られています。そして、手計算によって愚直に計算をおこなえるようになることこそが目的という側面が強いもので、定理や公式の証明、使い方、テクニックなんかを包括して学べるように設計されています。もちろん、著者はそのように数学を学ぶことにはとても大きな価値があると思いますし、一度そのような経験を踏んでみることは数学を学ぶ上で必要なことと思います。

しかし、昨今高まる AI ブームの中で数学という学問を学ぶ多くの場合、「いかに実用に役立てるか」「いかに数学を道具（ツール）として活用するか」という部分に重きが置かれることのほうが多かったりします。その中で、定理の証明や計算テクニックを愚直に 1 から学んでいくことが「得策」といい切れるかというと、この現代では必ずしもそうでもなくなってきたところが一方であるように見えます。数式の詳細なディテールや証明に何も思い切りリソースを割くということをしなくても、数学の「主要なエッセンス」さえ脳内に染み付いていれば、例えば主要な AI モデルのバックグラウンドに潜む仕組みを見通すことはあらかたできてしまいます[*1]。

[*1] もちろん、研究レベルの理論などを前提とするのであれば、この限りではありませんが。

本書では、今の時代誰しもが簡単に扱うことができるプログラミング言語 Python の数学計算に特化したモジュール **SymPy** を活用することにより、現代社会で必要とされるようになった「基礎数学」をさくっと見渡すことを目的として定めました。その中で、「面倒な計算は思い切ってコンピュータに任せてしまう」「しかし、根本となる数学のエッセンスについては、しっかりと重視して解説をおこなう」という、いわば「両輪」を駆使した数学の学び方をひとつ提示するということを心がけて本書を執筆しました。**SymPy** は、この「両輪」をちょうどよく回してくれる、格好のツールなのです。

この 1 冊が、皆さんが苦しみ続けてきた「数学」という学問の壁をするっと乗り越え、そしてそれを最大限役立てるためのきっかけのひとつとなれば、著者としてこの上なく光栄に思います。数学の世界は、実は「受験対策」という呪縛から解き放たれることで、その圧倒的な奥深さ、そして面白さが身にしみてくるものです。この本でぜひ、数学の本当の色と匂いをその肌で感じてみてください。

執筆にあたって、多大なるアドバイス、チェックを頂いた小沼海さん、佐々木亮太くん、北山慎之介くんに深く感謝とリスペクトを表します。また、私を著者としてオーム社にご紹介頂いた西山茂丸さん、度重なる執筆の遅れを常に常に優しくカバーしてくださったオーム社の皆様（特に石田正行さん）、執筆が煮詰まり、悩んでいるときにいつも冷たいハイボールをこの目の前にスッと置いてくれた呑み処 盛ふくの北原盛雄さん、いつまでもいつまでも机を占拠して執筆をおこなっていても文句ひとつ言わず美味しいシーシャをご提供いただいたシーシャカフェ DUS、ミドルミックス、シーシャブラザーズの皆さん。心からの感謝と御礼を申し上げます。ありがとうございました。

令和 3 年 5 月 8 日
明松 真司

東仙台 ORIENTAL SMOKING CAFE
シーシャブラザーズにて

本書の読み方

本書は、Google Colaboratry を使用して動作確認を行っています。Google Colaboratry は、お使いのブラウザ等によってはソースコードの文字間隔が狭い場合もあるので、本書ではスクリーンショットは、Google Colaboratry の環境設定までとし、以降は、文字列で記載しています。また、動作確認は、本書執筆時点のものです。

本書で使用している主な英数字（ソースコード）

```
1 2 3 4 5 6 7 8 9 0
A B C D E f G H I J K L M N O P Q R S T U V W X Y Z
a b c d e f g h i j k l m n o p q r s t u v w x y z
+ - * , . / \ _ ^ { } ( )
```

本書で使用している主な英数字（数式）

1234567890

ABCDEfGHIJKLMNOPQRSTUVWXYZ

abcdefghijklmnopqrstuvwxyz

$+ - *, ./ \; /, \{\}() \pm \int \sum$

本書で使用している主な英数字（本文）

1 2 3 4 5 6 7 8 9 0

A B C D E f G H I J K L M N O P Q R S T U V W X Y Z

a b c d e f g h i j k l m n o p q r s t u v w x y z

+ - * , . / ( )

本書を読むにあたって

本書は、執筆時点の Google Colaboratry を使用して、動作確認をしています。Google Colaboratry 以外でも、Python の環境依存性の少なさから、動作は問題ないでしょう。ただし、プログラム言語の常として、将来のアップデートにより、なんならかの相違が発生する場合があります。

本書は Python の入門書ではないことは本文でも触れていますが、少しコツを記しておきます。

- Python は、Windows、MacOS、Linux 等の OS 上で動くほか、Google Colaboratry のような Web 上のサービスの利用も可能です。
- Python は、関数やループといった 2 行以上をひとまとまりの処理とする場合には、始まりの行は「:」で終え、その後字下げ、そしてひとかたまりの終わりは字下げの戻しで Pyhton が判断します。字下げの 1 単位は、4 文字が主流ですが、本書では 2 文字を基本としました。字下げにタブと半角が混在すると、エラーになる場合があります。字下げの例を以下に示します。

import SymPy from *	import 文は字下げしない
print("start")	ひとかたまりではないものは字下げ不要
z = 3	ひとかたまりではないものは字下げ不要
x = 2	ひとかたまりではないものは字下げ不要
if x == 2:	if 文のひとかたまりの開始
print("2")	ひとかたまりの中は字下げ
処理...	
else:	if 分の関係コマンドは、if と同じ字下げ
print("2 でない")	else:後も字下げ
処理...	
処理....	字下げを戻すと新しい処理の始まり
....	

本書のソースコードと Google Colaboratry との対応

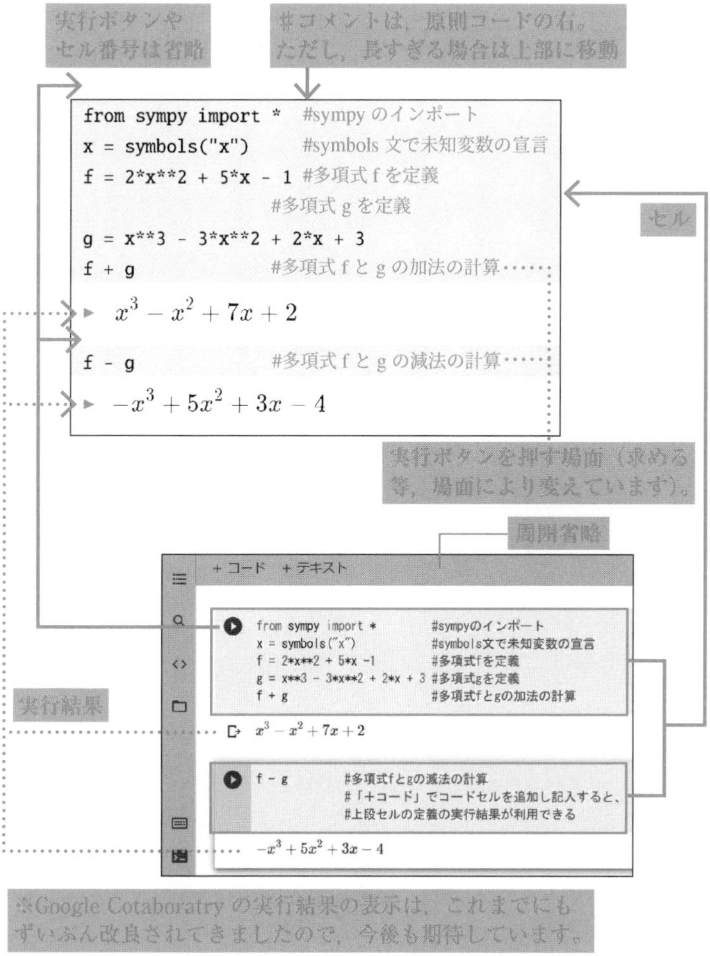

目次

第 1 章

SymPy とは何か？

近頃、空前の機械学習ブームの到来などがキッカケとなって、基礎／応用数学を学ぶ人や、Python というプログラミング言語を使って計算、データ分析等をおこなう人が世の中で飛躍的に増加しました。

1.1　Python や SymPy とは、なんなのだろうか？

「習うより慣れよ」ですが、ご説明をさせてください。

1.1.1　Python とは、すごく優しいプログラミング言語

Python[*1]を使うと、従来のプログラミング言語では非常に面倒、あるいは難解だったような複雑な処理や計算が、とても簡単に直感的にできます。筆者は 3 つくらいのプログラミング言語を使えますが、Python の「直感性」「面倒なことは考えなくてよいシンプルさ」はまさに特筆すべき利点と言えるでしょう。

1.1.2　数学を学ぶハードル (1) ～「突然の機械学習ブーム」の観点で～

そして、Python 需要と同時に高まったのが数学需要です。数学は、昔々から学校教育の中でずーっと扱われ続けていますが、「受験勉強のために仕方なく勉強するもの」というイメージが強く根付いていることが事実でした。しかし、近頃は突然の機械学習ブームを皮切りに「数学」という学問の重要性を誰もが認識するようになりました。だって、これだけ毎日毎日話題になっている AI（人工知能）を司る「機械学習」のアルゴリズムは、ほぼ完全に数学によって記述されているのですから。「AI」の原動力とな

[*1] Python：「ぱいそん」と読みます。

る仕組みは、もっぱら数学だと言っても過言ではありません。

しかしながら、筆者がこの「AI ブーム」の最中、誰もが「数学」を学ぼうと試みる様子を見ながら強く感じたことは、やはり数学の学習は鬼門なのだなということだったりします。というのも、無理はないのです。高校、あるいは大学を卒業して IT のお仕事をはじめて、結構な間数学とは遠い世界でお仕事をしていたところ、突然訪れてしまったこの「AI ブーム」の中で、世の中が「数学が重要だ！」「数学を勉強しないと！」なんてまたたく間に色めきだつのですから。戸惑うに決まっています。今まであんなに、「数学はお金にならない」「数学科は就職がないから工学部に進学したほうがいい」なんて、世間から完全に「食えない学問の代表格」扱いされまくっていたあの数学がですよ。

当然、数学なんてしばらく触っていない。そんな日々の中で、数学の知識もまるっと頭から抜けてしまった。でも、機械学習の本なんかを読んでみれば、

- ここは活性化関数を微分して...
- ここでこのベクトルをこの行列で線形変換して...
- この分布の確率密度関数は...

なんて言葉が、

知ってますでしょ？

みたいに列挙されています。あぁ、一体どうすればいいんだろう... なんて時代に生まれてしまったんだ... なんてことを感じている方も多いかもしれません。

ここで一言皆さんにお伝えしておきます。そんな悩みを抱えている方には、

SymPy [*2]

を使うのがおすすめです (詳しくはまた後で)。

1.1.3　数学を学ぶハードル (2) ～「学校での学び」の観点で～

「中学校までの間に学ぶ数学」と、「高校で学ぶ数学」、そして「大学で学ぶ数学」の間には、それぞれ結構な隔たりがあって、どれも独自の難しさと面白さを兼ね備えています。

その中でやはり最も皆さんにとって壁になりやすいのが、式変形[*3] です。中学校くらいまでの数学であれば、そんなに難しい式変形に出会うこともありませんが、高校、大学へと進んでいくと、そこで現れるのはいくつにでも連なる式変形の嵐。例えば、高校

[*2] SymPy：「しむぱい」と読みます。

[*3] 式変形：数式をイコールで結びながら、違う形に変形すること。または、それを繰り返すこと。

数学で「基本」と言われる操作、「2 次関数の平方完成」ひとつをとっても、式変形を丁寧に追いかければ以下のようになります[*4]。

$$
\begin{aligned}
y &= 2x^2 + 8x + 3 \\
&= 2(x^2 + 4x) + 3 \\
&= 2(x^2 + 4x + 4 - 4) + 3 \\
&= 2(x^2 + 4x + 4) - 8 + 34 \\
&= 2(x + 2)^2 - 5
\end{aligned}
\qquad \square
$$

この式変形を手計算でゴリゴリと進める間、だんだんと頭の中がぼんやりとした不安で埋め尽くされてきます。

これ、計算合ってるんだろうか...??

そんな中で、数学を学び続けることが徐々にしんどくなってきて、結局のところ、「あぁ、自分は数学には向いていないのかもしれない...」なんて、心がぽっきり折れてしまうなんてことも少なくありません。

ここで一言皆さんにお伝えしておきます。そんな悩みを抱えている方には、**SymPy を使うのがおすすめです。**

1.2 SymPy とは？

こんなふうに、「数学」を学ぶことは、（もちろんその向こう側に楽しさはあれど）なかなかにしんどい気持ちになる作業の連続だと感じてしまうことも少なくないものです。

こんな悩みと日々格闘されながら、それでも式変形とうんうん唸りながら向かい続ける方々を目の当たりにして、筆者もいろいろと考えました。**どうにかして、この負担をうまく軽くする方法はないものだろうか？**ということを。そしてその結果、「現代人の超効率的数学勉強法」として、このやり方こそベストソリューションなのではないか！？という方法を見つけ出すに至りました。それが、

面倒な式変形はある程度 SymPy に投げてしまう

というアプローチです。

SymPy とは、プログラミング言語「Python」上で動く、式変形などの数学的操作を、秒速かつ正確におこなってくれるモジュール[*5]のひとつです。Python 上で SymPy を動

[*4] 本書では、**数式変形の終わりを □ 記号で表します。**

[*5] モジュール：簡単にいうと「プログラミング言語を構成する便利機能の集まり」のようなもののことを

かしてしまうことによって、我々が「面倒」だと思う式変形を（ほぼ）全自動でおこなうことができ、さらに、機械学習の専門書や学校の問題集の式変形の行間を埋めることも非常に容易になります。

ここでひとつ断っておきたいこととして、「**手計算のやり方なんて知らなくても数学を学ぶのに問題はないということを主張しているわけではありません。**」ただ、「**毎回毎回、同じような面倒な式変形を手ですべておこなう**」必要は、この現代そんなにないのかもしれませんし、あるいは、「**自分の手計算が正しいのかどうか**」を確かめる術（**検算**）」）というのは、意外とそんなになかったりもするものです。こういう「**数学を学ぶ上でぶち当たる面倒な問題**」を、SymPy は「**最新技術**」の力である程度解決してくれるのです。

しかも、SymPy を使うことはとても簡単です。面倒な環境構築等もほとんど必要ありませんし、使い方も極めて明快で、誰もが簡単に、この SymPy の恩恵に預かることができます。この「数学の重要性」が当たり前のように語られるになった世の中、こんなに便利なアプローチを使わない手はありません。

1.3 SymPy でできること

SymPy を使うと、以下のような数学的操作を簡単におこなうことができます。ここでは詳細な説明を省き、簡単に実例を交えながらこれらの「便利機能」を俯瞰してみてみることにしましょう。もちろん、数学的な理論の説明はまだしていないわけですから、皆さんは「おぉー、なんか知らないけどめっちゃ便利そうだな」くらいの気持ちで眺めていただければ問題ありません。

- 式の四則演算、展開、因数分解など、簡単な式の計算をおこなう。
- 初等関数（多項式、指数関数、対数関数、三角関数など）を扱ったり、グラフを描画、する。
- 方程式を解く。
- 微分、積分などを計算する。
- ベクトル、行列、行列式など、線形代数と呼ばれる分野の計算をおこなう。
- その他、複素数や組合せなどを計算する。
- 機械学習で必要になるような式変形の数々をおこなう。

指します。

1.3.1　簡単な式の計算

例題 1.3.1. 次の式を因数分解せよ。

$$x^3 + 8x^2 + 3xy + 24y$$

手計算による解法

次数が小さい y について、降べきの順に整理すると、

$$\begin{aligned} &3xy + 24y + x^3 + 8x^2 \\ &= 3y(x + 8) + x^2(x + 8) \end{aligned}$$

共通因数 $(x + 8)$ でくくって、計算終了です。

$$(x + 8)(x^2 + 3y)$$

□

Sympy による解法

```
from sympy import *                              #sympy のインポート
x, y = symbols("x y")                            #symbols 文で未知変数の宣言

factor(x**3 + 8*x**2 + 3*x*y + 24*y) #factor で式を因数分解
```

▶ $(x + 8)\left(x^2 + 3y\right)$

ほんの数行のプログラムを書いて、実行するだけです。

特筆すべき点は、手計算による解法では、解法を人間が頭で考えて、そのとおりの変形をおこなって答えにたどり着いているのに対し、**SymPy による解法**では、「x, y という文字を使いますよ」「この式を因数分解してください」と、

指示を与えるだけで正しい答えが得られている

ところです。この 2 つの解法は、「人間がウンウン唸りながら考える」というプロセスの有無という意味で、天と地の差くらいの面倒さの違いがあります。

1.3.2 初等関数を扱う

例題 1.3.2. 次の関数 $f(x)$ のグラフを描画せよ。

$$f(x) = x^2 e^{-x}$$

手計算による解法

関数 $f(x)$ の 1 階導関数、2 階導関数を計算し、関数の増減、凹凸を調べ、増減表を作成してそれをもとにグラフを描く。

この例でも、手計算による「増減表」を用いた方法を使うと、かなりの大きな手間がかかります。

しかし、SymPy を用いた方法は、次ページのようになります。

Sympy による解法

- x という文字を使いますよ
- この関数のグラフ描いてくださいね

と指示を与えるだけで、次のように非常に正確なグラフを描いてくれます。SymPy では、このように関数のグラフを簡単に描画することができます。本書の中で詳細にグラフの描画機能を掘り下げることは割愛しますが、ここでは、

非常に簡単にグラフを描画することができる

ということを頭の片隅に置いていただければと思います。また、関数のグラフを描画したくなった際には、次ページのソースコードを参照してさくっと描いちゃってください。

```
from sympy import *                     #sympy のインポート
x = symbols("x")                        #symbols 文で未知変数の宣言

plot(x**2*exp(-x), (x, -5, 10)) #plot でグラフ描画
```

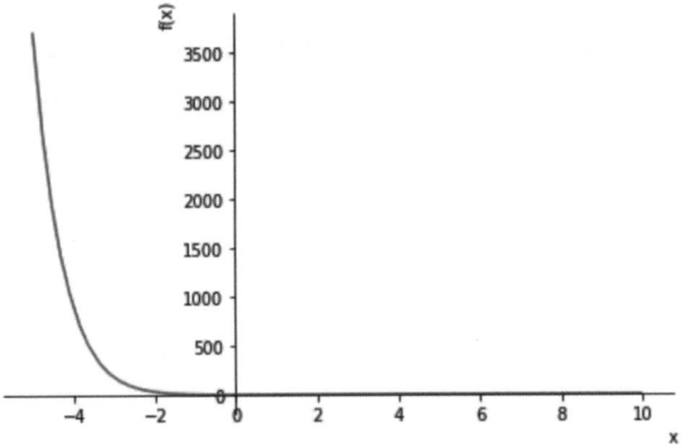


```
<sympy.plotting.plot.Plot at 0x7f75c4b19890>
```

1.3.3　方程式を解く

例題 1.3.3. 次の方程式の解を求めよ。

$$3x^3 + 2x^2 + x + 10 = 0$$

手計算による解法

多分これを手計算で解くには、以下の**3 次方程式の解の公式**[*6] を使うしかないでしょう (あるいは、センスのある人ならば**因数定理**で解くことも奇跡的にできるかもしれません)。

$$x_1 = \frac{\sqrt[3]{\sqrt{(-27a^2d + 9abc - 2b^3)^2 + 4(3ac - b^2)^3} - 27a^2d + 9abc - 2b^3}}{3\sqrt[3]{2}a} - \frac{\sqrt[3]{2}(3ac - b^2)}{3a\sqrt[3]{\sqrt{(-27a^2d + 9abc - 2b^3)^2 + 4(3ac - b^2)^3} - 27a^2d + 9abc - 2b^3}} - \frac{b}{3a}$$

$$x_2 = -\frac{1}{6\sqrt[3]{2}a}(1 - \sqrt{3}i)\sqrt[3]{\sqrt{(-27a^2d + 9abc - 2b^3)^2 + 4(3ac - b^2)^3} - 27a^2d + 9abc - 2b^3} + \frac{(1 + \sqrt{3}i)(3ac - b^2)}{3 \times 2^{\frac{2}{3}}a\sqrt[3]{\sqrt{(-27a^2d + 9abc - 2b^3)^2 + 4(3ac - b^2)^3} - 27a^2d + 9abc - 2b^3}} - \frac{b}{3a}$$

$$x_3 = -\frac{1}{6\sqrt[3]{2}a}(1 + \sqrt{3}i)\sqrt[3]{\sqrt{(-27a^2d + 9abc - 2b^3)^2 + 4(3ac - b^2)^3} - 27a^2d + 9abc - 2b^3} + \frac{(1 - \sqrt{3}i)(3ac - b^2)}{3 \times 2^{\frac{2}{3}}a\sqrt[3]{\sqrt{(-27a^2d + 9abc - 2b^3)^2 + 4(3ac - b^2)^3} - 27a^2d + 9abc - 2b^3}} - \frac{b}{3a}$$

[*6] フェラーリの公式、カルダノの公式などと呼ばれることもあります。横に長すぎるので式の途中で改行してあります。詳しくは専門書や Web をご参照ください。

Sympy による解法

```
from sympy import *                  #sympy のインポート
x = symbols("x")                     #symbols 文で未知変数の宣言

solve(3*x**3 + 2*x**2 + x + 10)      #factor で因数分解
```

```
▶ [-5/3, 1/2 - sqrt(7)*I/2, 1/2 + sqrt(7)*I/2]
```

あらあら[*7]、手計算ではまぁそう簡単には解けないだろうなという方程式でも、解が、

$$x = -\frac{5}{3},\quad \frac{1}{2} - \frac{\sqrt{7}}{2}i,\quad \frac{1}{2} + \frac{\sqrt{7}}{2}i$$

であることが一瞬でわかってしまいました。

[*7] SymPy の計算結果の、sqrt(x) は $\sqrt{x}$ を、I は虚数を表します

1.3.4 微分や積分の計算

例題 1.3.4. 次の関数 $f(x)$ を微分せよ。

$$f(x) = e^{ax} \sin bx \qquad (a, b \text{ は定数})$$

手計算による解法

積の微分法則を用いて計算する。

$$\begin{aligned} \frac{df}{dx} &= (e^{ax})' \sin bx + e^{ax}(\sin bx)' \\ &= ae^{ax} \sin bx + be^{ax} \cos bx \end{aligned}$$

□

Sympy による解法

```
from sympy import *              #sympy のインポート
a, b, x = symbols("a b x")       #symbols 文で未知変数の宣言

diff(exp(a*x)*sin(b*x), x)       #diff で微分。末尾の x が x で微分することを表す
```

▶ $ae^{ax} \sin(bx) + be^{ax} \cos(bx)$

微分の計算をおこなうには、微分公式を熟知した上で、関数の形に合わせた微分公式を選択できなければなりません。それを「知らなくてもよい」というわけでは決してありませんが、このくらいの微分計算なら、SymPy でやったほうが簡単で正確ですね。

1.3.5 ベクトル、行列、行列式に関する計算

例題 1.3.5. 次の行列 X の逆行列を求めよ。ただし、 a は定数である。

$$X = \begin{pmatrix} 1 & -a & 0 \\ 0 & 1 & -a \\ 0 & 0 & 1 \end{pmatrix}$$

手計算による解法

3 次逆行列の公式、または掃き出し法（ガウスの消去法）などを使って求めます（どちらも結構な計算量になるので、ここで解く必要もないかと思います。気になる方は線形代数の教科書を読んでみてください）。

次頁に結果をしましますが、SymPy の結果のすごいところは、 X が文字（ a ）を含む行列であるにも関わらず、何も言わずにさらっと逆行列を計算してくれているところです。

Sympy による解法

```
from sympy import *          #sympy のインポート
a = symbols("a")             #symbols 文で未知変数の宣言

A = Matrix([[1, -a, 0],      #行列 A を定義
            [0, 1, -a],
            [0, 0, 1]])

A**(-1)                      #行列 A の逆行列を求める
```

▶ $\begin{bmatrix} 1 & a & a^2 \\ 0 & 1 & a \\ 0 & 0 & 1 \end{bmatrix}$

このような「文字を含む式変形などの計算」のことを**代数的計算**と呼び、それに対して「数字だけの計算」を**数値的計算**と呼びます。プログラミング言語というのは、本来「数値的計算」は得意ですが、「代数的計算」は不得手なのです。しかし、SymPy はいとも簡単にこのくらいの計算は正確におこなってくれます。

1.4 本書の目標 〜Python を超高性能電卓として使いこなせ！〜

SymPy を使うと、様々な面倒な計算がいとも簡単に、しかも瞬速＆正確にできることを何となく、感じて頂けましたか。Python 上で使えるモジュールは何も SymPy に限るわけではなく、他にも非常に優秀な機能を Python 上でゴリゴリ動かし、人間の手助けをしてもらうことが十分に可能です。

しかし、この SymPy というモジュールひとつだけをとっても、この威力は計り知れないと思っています。なんと言っても「代数的計算」を非常に気軽に行えること、そして、使い方がとても簡単で、それでいて高機能であることなど、利点を挙げれば正直キリがありません。他のモジュールなどは、非常に便利ではあるが、使用方法が難解、あるいは高度な計算に特化していて数学入門の段階では使いにくいなど、やや我々にとっては不都合な性質を持っていることも多いのです。

本書では、この SymPy に焦点を絞って（他のモジュールは思い切って見なかったことにして）、様々な数学的操作がこの SymPy で驚くほど自在にできることを体感し、皆さんが Python を超高性能電卓として使いこなし、数学の学習や実務での応用における非常に強力な武器として振りかざしていただける、という状態までたどり着くことを目標とします。

何度も言いますが、SymPy の使い方は驚くほど簡単です。そして強力です。そしてこの SymPy を使いこなして習得する「数学の力」は、我々の業務や学習、さらには世界の見え方まで変えてしまう強大な力を秘めています。ぜひ、皆様と一緒にそこまでたどり着けたら、筆者としては光栄に思います。

それでは、早速本論を始めていきましょうか。SymPy の世界へようこそ！

第 2 章

Python の基本の基本

SymPy は、Python 上で動くモジュールのひとつです。すなわち、Python の基本的な使い方を知らなければ、SymPy もあまり自由に使いこなすことができません。この章では、「全く何もわからない」状態から、Python の「基本の基本」を身につけることを目標にしましょう。あくまで「軽く」「最低限の」基本をなぞるだけという構成です。Python についてもっともっと詳細なことを知りたい！という方は、Python の入門書を別途参照してください。

2.1　Python の環境構築〜Google Colaboratory〜

まずは、お手元の PC で Python が動作する環境を整えなければお話は始まりません。というわけで、早速環境構築を... という前に、少しだけお話を。

実はちょっと昔ですと、お手元の PC の中に **Python の環境**を構築するためには、なかなかに面倒な手順が必要でした。様々なアプリケーションをダウンロードして、これとこれとこれをインストールして、いざ動かしてみるとあれ？なんかエラーでうまく動かない... こんな格闘を繰り広げるのが、通過儀礼になっていた時代もあったのです。なんなら、Python を一度も触ることなく、この環境構築で挫折してしまう、なんて人も...。

でもこんな、最初の一歩で心が折れてしまうのってあまりにも悲しいじゃないですか。そんな悲痛な叫びを察知してくれたのか、現在は Google のサービス **Google Colaboratory** [*1] を用いると、ものの数分で環境構築が誰でも簡単に、完璧に終わって

[*1] グーグルコラボとか、コラボと呼んでいる人が多いようです。また、Google Colaboratory 以外にも、Web 上でのオンライン Python 実行環境や流行の Jupyter Notebook もあります。お好みでお選びください。また、Google Colaboratory 含め、各実行環境は予告なく変更される場合があることは、覚えておいてください。

しまいます。本書ではこの「Google Colaboratory」を使って、さくっと環境構築を済ませてしまうことにしましょう。画面は Windows パソコンのものです。他の OS では異なる場合があります。また、OS によっては、Google Drive が使えない場合があります。

手順 1. **Google アカウントを取得する**

まず、Google アカウントを取得してください（この手順はここでは解説しませんが、ネットで検索をすればすぐにわかります）。

手順 2. **Google drive を開く**

作った Google アカウントにログインし、Google drive を開きます。

図 2.1　Google drive を最初に開くとこんな感じ（何もファイルは入っていない）。

手順 3. **フォルダを作る**

作ったプログラムを実際に格納し、動かすためのフォルダを作りましょう。右クリック → 新しいフォルダを選択します（ここでは、とりあえずフォルダ名は「test」にでもしておきましょう）。

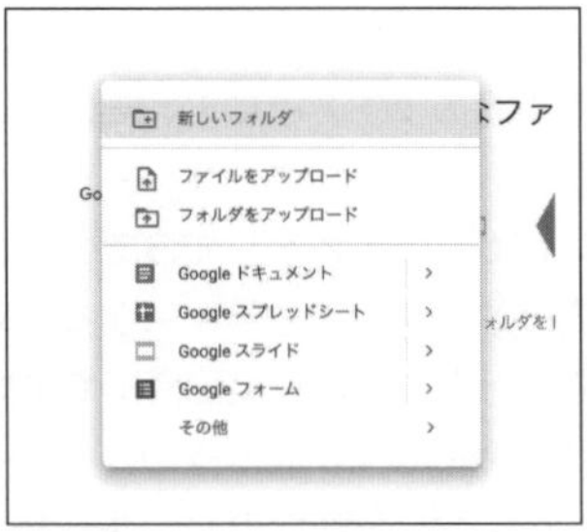

図 2.2　右クリック → 新しいフォルダ。

図 2.3　フォルダ名はとりあえず「test」に。

手順 4. **フォルダの中に入り、GoogleColaboratory をインストール（有効化）。**

作ったフォルダ「test」の中に入りましょう。

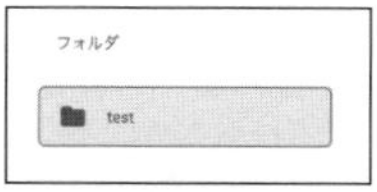

図 2.4　ダブルクリックで入れます。

そして、Google Colaboratory を使える状態にします。右クリック → その他 → アプリの追加 をクリックします。

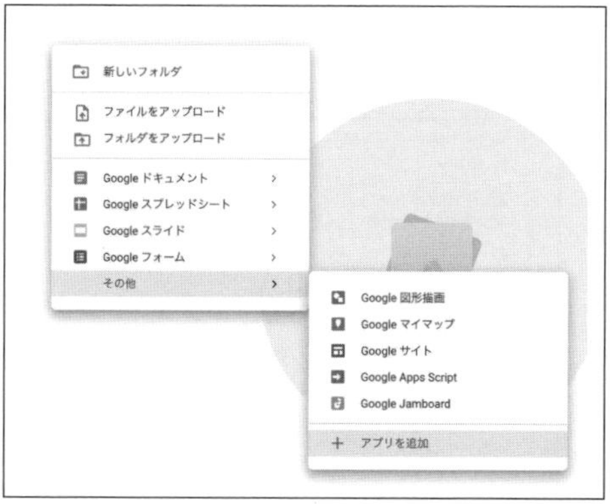

図 2.5　右クリック → その他 → アプリの追加。

「Colaboratory」を探して、インストールをおこないます。

図 2.6　検索窓に「Colaboratory」と入れると出てくるはず。これをクリック。

図 2.7　インストールボタンを押すと、インストールがはじまる。

手順 5. **.ipynb ファイルを作成。**

Google Colaboratory 上では、プログラムを**.ipynb ファイル**（.ipynb 形式）で扱います。さっそく、.ipynb ファイルを「test」フォルダの中に作ってみましょう。

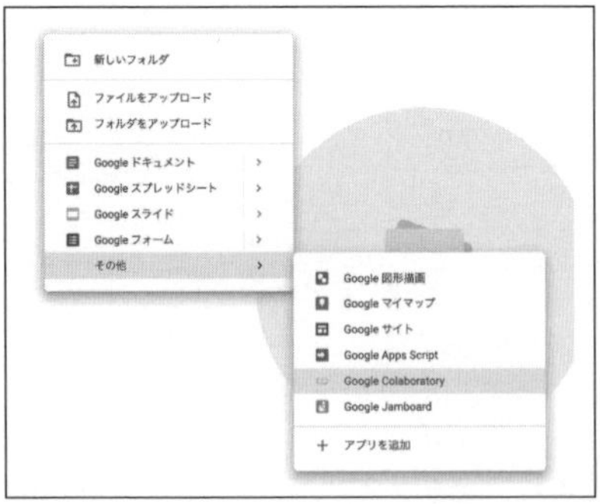

図 2.8　右クリック →「その他」に、「GoogleColaboratory」が追加されているので、クリックして.ipynb ファイルを作る。ファイル名を指定しなければ、Untitled0.ipynb といったファイル名が自動でつきます

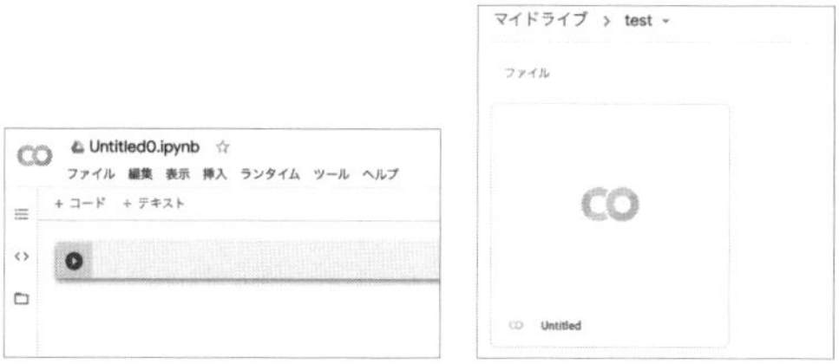

図 2.9　左の画面が表示されれば準備完了！
右の画面のように「test」フォルダには、ちゃんとファイルが作成されています。

なんと、Python の環境構築はこれでほぼ終了です。あとは、Google Drive のフォルダ内（ここでは test を作りました）に必要に応じて.ipynb ファイルを作成し、様々なプログラムを作成／実行していきます。

2.2　画面への文字表示

いよいよ Python のプログラムを作成／実行する準備が整ったところで、簡単なプログラムを動かしてみましょう。以下のソースコード[*2] を「一言一句違わず」「半角文字で」セル[*3] に入力し、再生ボタン を押して[*4] 実行します。

図 2.10　「セル」にプログラムを入力し、左の再生ボタンを押して実行。

以下のように **Hello World!!** [*5] と表示されれば、Python プログラムが動作したことになります。

[*2] ソースコード：プログラムの処理内容を記述した命令の集まり。単にコードともいう。
[*3] 入力するところをセルと呼びます。セルには「コードセル」、「テキストセル」の 2 種類があり、コードセルには Python プログラムを書き、実際に実行することができます。また、テキストセルには Markdown 記法（本書では解説を割愛）を用いて、非常にわかりやすく説明や注釈を記載することができます。コードセル、テキストセルを追加したい際には、Colaboratory の画面上部にある「＋コード」「＋テキスト」というボタンをクリックすれば簡単に追加できます。
[*4] 再生ボタン：Windows では **Ctrl+Enter**、Mac では **Command+Enter** を押しても OK（慣れるとこちらのほうが楽）。
[*5] プログラムを使って初めて文字を表示させる文として、Hello World!!は、世界中で愛されています。

図 2.11　「Hello World!!」という文字列が表示されました。

このように、**print** という命令を使うと、画面に好きな文字列を表示することができます[*6]。

> **画面に文字列を表示**
>
> print(”表示したい文字列”)

さて、本格的に Python のプログラムを動かす準備が整いました。というわけで、ここからは基本的な Python のプログラムの書き方を学んでいきましょう。Python は、「プログラムが非常に簡単に書ける」言語として有名で、やりたい処理を直感的に、サクサクと記述して動かすことができます。

2.3　変数

Python をはじめとする様々なプログラミング言語では、**変数**（variable）という「数値や文字列をしまっておく箱」に様々な値を格納しておいて、その値を必要なときに利用することによっていろいろな計算や処理を効率的におこないます。さきほどの.ipynb ファイルの新しいセルで、`x` という変数を使うことを**宣言**し、1 という値を代入[*7] してみましょう[*8]。また、その次の行で、`x` にちゃんと 1 が代入されていることを確認するために、`print` を使って `x` の値を表示してみます。なお、**変数の「中身」**を表示したいときは、ダブルクオーテーションでは囲まないことに注意です。

[*6] 文字列を**ダブルクオーテーション**で囲むのを忘れずに！あと、表示したい文字列は**全角文字**でも OK ですが、それ以外のソースコードはすべて**半角**で書きましょう。

[*7] 宣言：変数を新しく作ること。 代入：変数に値をしまうこと（=記号を用い、左辺の変数に右辺の値が代入される）。

[*8] **ここからのコードは、読み易いように、Colaboratory の画面を使わずに記述します。**

```
x = 1       #xに1を代入
print(x)    #xの値を表示
```

▶ 1

図2.12　1が表示されているので、正しくxに1が代入されていることがわかります（本書では▶の右側に結果を示します）。

変数を宣言し、値を代入

変数名　=　代入する値

変数には、**1**のような整数だけではなく、**3.14**のような**実数（小数点以下がある数）**や、"**こんにちは**"のような**文字列**も代入しておくことができます。また、変数の名前（変数名）も自由に設定できます（図2.13）[*9]。

```
n = 1                     #nに1を代入
pi = 3.14                 #piに3.14を代入
aisatsu = "こんにちは"    #aisatsuに、こんにちは という文字を代入

print(n, pi, aisatsu)     #3個の変数の内容を表示
```

▶ 1 3.14 こんにちは

図2.13　変数n, pi, aisatsuを宣言し、それぞれに1, 3.14, "こんにちは"を代入して表示してみました。

このように、複数の変数を表示させるときには、各変数を**カンマ**（,）で区切って並べます。

---

*9 「自由に」とはいっても、何でもかんでもOKというわけではなくある程度のルールがあります。とりあえず、「アルファベットの大文字小文字」と「数字」が使えて、「アンダースコア（ _ ）」も使える、また、「1文字目を数字で始めてはいけない」「同じ変数名を複数回使うことはできない」「Pythonですでに使われている名前（**予約語**に）はつけられない（printなど）」というルールだけを知っておけば問題は生じないでしょう。ちなみに、一応全角文字も使えますが、使わないほうがいろいろと無難です。

2.4 データ構造（リスト、タプル、集合）

たくさんの数値をまとめて利用したいときに、変数をひとつずつ頑張ってたくさん宣言して、それぞれに値をちまちまと代入して利用するのは、なかなか手間がかかって効率がよくありません。「複数の値を一気に効率よく扱う」ためには、データ構造を利用します。

データ構造とは、複数の値（数値や文字列）を「ひとまとまりに扱う」ための方法のことをいいます。最も基本的なデータ構造はリストです。リストとは、複数の数値を並べてひとまとまりに宣言したものです[*10]。宣言は、以下のソースコードになります。

```
v = [1, 2, 3, 4, 5, 6, 7] #v を宣言し、[] 内の値を格納
```

図 2.14　v を宣言するソースコード。

このソースコードでは、v というリストに 1, 2, 3, 4, 5, 6, 7 という 7 つの数値を順に格納してあります。このようにリストに格納された値のことを、リストの要素と呼びます。リストの要素には、0 番目から順に番号（インデックス）づけされており、以下のように [ ] 内に番号を記すことにより、v の要素を読み出して利用することができます。

```
v = [1, 2, 3, 4, 5, 6, 7]#v を宣言し、[] 内の値を格納

print(v[0])              #v の要素 v[0] の内容を表示
print(v[4])              #v の要素 v[4] の内容を表示
print(v[6])              #v の要素 v[6] の内容を表示
```

```
1
5
7
```

図 2.15　リスト v の要素 v[0], v[4], v[6] を print で画面に表示しています。

また、リストの要素の値は、上書きをすることもできます。例えば、さきほどの v で、v[3] の値を 4 から 100 に書き換えたいときは、以下のような代入をおこなえば OK です。

[*10] 他の言語なんかだと、配列というものが現れることが多いのですが、リストと配列はだいたい同じようなものです。

```
v = [1, 2, 3, 4, 5, 6, 7]
print("書き換え前", v[3])
v[3] = 100                    #v の要素 v[3] に 100 を代入

print("書き換え後", v[3])
```

```
書き換え前 4
書き換え後 100
```

図 2.16　リスト v の要素 v[3] を 100 に書き換えました（print で都度、確認しています）。

ちなみに、リストは v=[1, 2, 3, 4, 5, 6, 7] というふうに宣言をしましたが、v=(1, 2, 3, 4, 5, 6, 7) というふうに宣言をした場合には、タプルというデータ構造になります。タプルはリストとほぼ同じように扱えますが、要素の書き換え（代入）ができません。

次に、以下のように新しいセルで、S を宣言してみましょう。

```
S = {1, 2, 3, 4, 5, 6, 7, 8} #S を宣言し、{} 内の値を格納
```

図 2.17　S を宣言。

このように宣言した S を集合 (set) と呼びます。集合とリストは何が違うのか？以下のソースコードで比較をしてみましょう。

```
v = [1, 1, 6, 6, 3, 3, 4, 3, 3, 2] #v を宣言し、[] 内の値を格納
S = {1, 1, 6, 6, 3, 3, 4, 3, 3, 2} #S を宣言し、{} 内の値を格納
print(v)                           #v の内容を表示
print(S)                           #S の内容を表示
```

```
[1, 1, 6, 6, 3, 3, 4, 3, 3, 2]
{1, 2, 3, 4, 6}
```

図 2.18　リスト v と集合 S を比較。

実行結果を見ると、以下の違いに気づきます。

- リスト v には重複する要素が残っているのに対し、集合 S では、要素の重複が無視されている。
- リスト v は、要素の順番が保持されているのに対し、集合 S は要素の順番が変わっている。

このように、集合というデータ構造は、要素の重複と順序を無視して数値を保持することがわかります。

ですので、例えば以下の図のような要素の読み出しはできません[*11]。

```
#S を宣言し、{} 内の値を格納
S = {1, 1, 6, 6, 3, 3, 4, 3, 3, 2}
#S の要素の S[0] の表示を試みる
print(S[0])
```

```
---------------------------------------------------------------------------
TypeError                                 Traceback (most recent call last)
<ipython-input-1-dbbe1068bc58> in <module>()
      1 S = {1, 1, 6, 6, 3, 3, 4, 3, 3, 2} #Sを宣言し、{}内の値を格納
----> 2 print(S[0]) #Sの要素のS[0]の表示を試みる

TypeError: 'set' object is not subscriptable

SEARCH STACK OVERFLOW
```

図 2.19　要素 S[0] を読みだそうとするとエラーになる。

このように、あくまで「含まれるか含まれないか」だけを問題とするデータ構造である「集合」は、高校数学で習う集合まさにそのものです。

リスト、タプル、集合についての細かい操作（例えば、要素の追加や削除など）については、他の Python 入門書に解説を譲ることとします。

2.5　条件分岐（if 文）

プログラミングの世界には、最も重要な処理が 3 つあります。

プログラミングの世界で最も重要な 3 つの処理

- 順次処理
- 条件分岐
- 繰り返し

順次処理とは、ソースコードを上から順に実行することをいいます。今まで書いたプログラムは、すべて順次処理でした。

[*11] 集合 S は「要素の順番」がないので、「0 番目」を読み出すことがそもそもできない。

条件分岐は、「とある条件」が成り立つ（条件が真であるといいます）なら処理 A、成り立たない（条件が偽であるといいます）なら処理 B、というふうに、条件の真偽に応じて処理を変えることをいいます。

繰り返しは、同じ処理を繰り返すことをいいます（後述）。この 3 つの処理は非常に頻繁に現れますので、必ず基本を理解して、ソースコードを書けるようにしておきましょう。

なぜこの 3 つが重要な処理なのかといえば、実は、どんなに複雑な処理でも、根っこをたどればこの 3 つの処理に帰着するということが数学的に証明されているからです（**構造化定理**）。まぁ、原理的には、

この 3 つを知っていりゃどんな処理でも書ける！

ということです[*12]。ここでは、条件分岐を Python で実現するにはどうすればよいのかを学びます。

たとえば、以下のソースコードは、

- 変数 x が 2 なら「2」
- 変数 x が 2 でないなら「2 でない」

と表示するものです。

```
x = 2                  #仮に、x に 2 を代入
if x == 2:             #if 文と == 記号（同じならの意味）で調べる
  print("2")           #x の内容が 2 なら、2 を表示
else:                  #そうでなければ
  print("2 でない")    #「2 でない」を表示
```

► 2

図 2.20　変数 x の値で処理が変わるプログラム。

このように、**「条件 P が成り立つとき処理 A」、「成り立たないとき処理 B」というプログラム**は、以下のように書くことができます[*13]。

[*12] 実際のところ、この 3 つだけですべてを書くのはあまりにも時間と手間がかかりすぎるので、もっと便利な機能を駆使するのですけどね。
[*13] Python では、インデント（字下げ）が大事です。

```
if 条件P:
  処理A
else:
  処理B
```

注意しなければならない点として、x が 2 と等しいという条件を表すときは、「x==2」と書かなければなりません。これを「x=2」と書いても、エラー[*14]にはなりませんがプログラムが意図せぬ動作をするようになります。なぜなら、=は、プログラミングにおいては、代入を表すので、そもそも比較とは意味が異なるからです[*15]。

さらに、次のソースコードには、条件が複数あります。

```
x = 110                  #仮に、x に 110 を代入
if x%20 == 0:            #x を 20 で割って余りが 0 なら、
  print("20 の倍数")    #この行を実行し、if 文の実行は終了
#そうでなければ、x を 10 で割って余りが 0 なら、
elif x%10 == 0:
  print("10 の倍数")    #この行を実行し、elif 文の実行は終了
#そうでなければ、x を 5 で割って余りが 0 なら、
elif x%5 == 0:
  print("5 の倍数")     #この行を実行し、elif 文の実行は終了
else:                    #上記条件に該当がなければ、
  print("該当なし")     #この行を実行。
```

▶ 10の倍数

図 2.21　多重に重なった条件分岐。

上記のソースコードは、以下のような関係で表示されます。

- x が 20 の倍数なら「20 の倍数」
- x が 20 の倍数ではないが 10 の倍数なら「10 の倍数」
- x が 10 の倍数ではないが 5 の倍数なら「5 の倍数」
- どれにも該当しないなら「該当なし」

また、Python では、a % b で「a を b で割った剰余（あまり）」を計算できます。

[*14] エラー：プログラムの途中で実行不能になり、強制終了されるような状態。エラーを自動で処理するプログラム技術はありますが、本書では触れないでおきます。

[*15] ここは、数学とプログラミングで同じ記号なのに意味が異なるという代表的な例です。

Python ではこのような計算を自由自在におこなうことができ、特に、

- `a + b`　a と b の和
- `a - b`　a と b の差
- `a * b`　a と b の積
- `a / b`　a を b で割った値（小数点以下を考慮）
- `a // b`　a を b で割ったときの商
- `a % b`　a を b で割ったときの剰余
- `a ** b`　a の b 乗

は必ず覚えておきましょう[*16]。

上記のソースコード（図 2.21）では、`x%n==0` かどうかを判定することで、`x` が `n` の倍数かどうかを調べています。なぜなら、`x%n==0` は `x` を `n` で割ったあまりが 0、つまり `x` が `n` の倍数ということだからです。

2.6　繰り返し（while 文と for 文）

繰り返しとは、

- 「ある条件が成り立っている間ずっと」あるいは、
- 「ある決まった回数」

といったように、決まった処理を何度も繰り返すことをいいます。まずは、「ある条件が成り立っている間」同じ処理を繰り返すソースコードを見てみましょう。

このソースコードは、変数 `x` の値が 1000 より小さい間ずっと、`x` に 2 を掛け算しつづけるという処理を表しています。`x` の値が 1 から始まっているので、2 を 1 回かけるごとに $1, 2, 4, 8, \ldots$ というふうに増えていき、1024 になった瞬間に 1000 を超えるので繰り返しが終了し、`x` の値が表示されます。

このように、「**条件 P**」が成り立っている間「**処理 A**」を繰り返すときは、while 文を使います。

```
while 条件P:
  処理A
```

なお、`x*=n` は、`x=x*n` と同じ意味です。これは、**「x に n をかけた値を新たな x と**

*16 + などの前後の半角スペースは、あってもなくてもかまいません。ただし、少なくとも + - = / % は、前後に半角スペースを入れておくとよいでしょう。

する」という処理を表します。
実際のソースコードの例は、以下のようになります。

```
x = 1              #x に 1 を代入
while x < 1000: #x の値が 1000 未満の間、この下の字下げの部分を実行
  x *= 2           #*=2 で、x の値を 2 倍し、x に代入
print(x)           #x の値が 1000 未満でなくなったら、x の値を表示
```

```
▶ 1024
```

図 2.22　x が 1000 より小さい間、ずっと x に 2 を掛け算しつづける処理。

同様の書き方として、

- x += n
- x -= n
- x *= n
- x /= n

なども使えます。
次に、**「回数が決まった繰り返し」**の以下のソースコードを見てみましょう。

```
aisatsu = ["GoodMorning", "Hello", "GoodEvening"]
for a in aisatsu:
  print(a)
```

```
  GoodMorning
▶ Hello
  GoodEvening
```

図 2.23　挨拶を連続して表示するプログラム。

このソースコードに使われる **for 文**は、ちょっと動きが独特なので解説をしてみましょう。for 文は次のような構造をしています。

```
for 変数 a in リスト:
  処理 A
```

上記のソースコードは、変数 a に「順番にリストの要素が代入され」ながら、処理が繰り返されるということを表します。図解をすると図 2.24 のようになります。

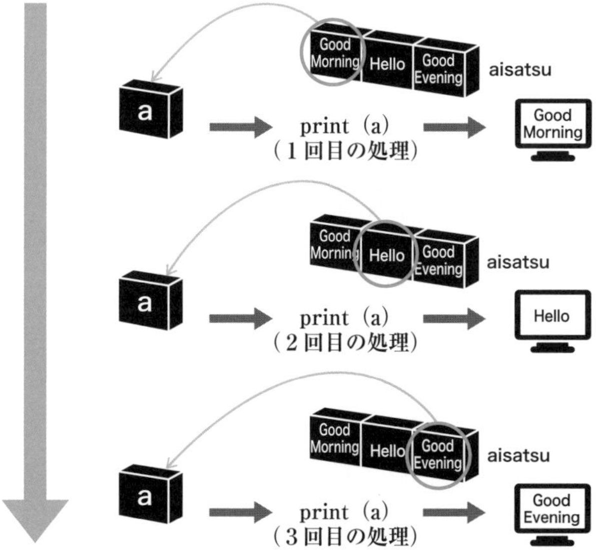

図 2.24　for 文の動き。

ところで、リストの部分に `range(n)` と記述することがよくあります。`range(n)` と書くと、Python では以下のような**数の並び**[17] が生成されます。

```
[0, 1, 2, 3, ..., n-1]
```

もし、`range(n)` を通常のリストとして扱いたいときは、以下のように `list()` という命令を使って、`range(n)` をリストに変換してから扱います。

```
list(range(n))
```

[17] わざと**数の並び**という言い回しを使いましたが、これは「リスト」ではないの？という疑問を持った方は鋭いです。というのも、`range(n)` は (python3 系では) リストではなく、range 型オブジェクトを表します。なので、`range(n)` をリストのようにそのまま扱おうとすると、思いもよらぬエラー等が吐き出される場合があります (for 文で使うのには問題ありません)。

例えば、以下のような for 文の使い方はよくあります。

```
for i in range(10):
  print(i,"回目の処理です")
```

```
0 回目の処理です
1 回目の処理です
2 回目の処理です
3 回目の処理です
4 回目の処理です
5 回目の処理です
6 回目の処理です
7 回目の処理です
8 回目の処理です
9 回目の処理です
```

図 2.25　range(10) を使った for 文。

この for 文は、以下のようなイメージで動いています。

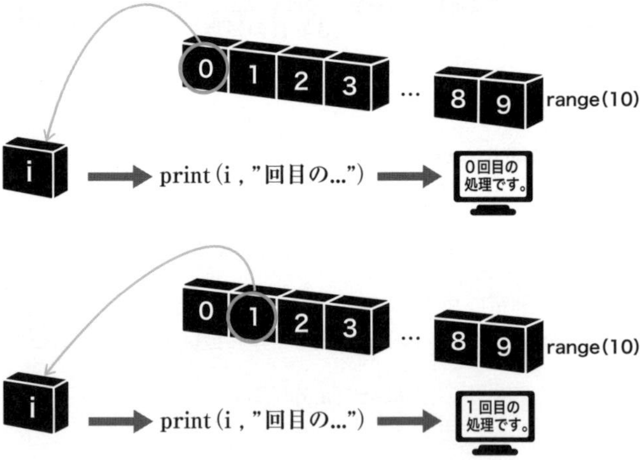

図 2.26　range(10) を使った for 文の動き。

C 言語や Java 言語などを使ったことがある方はお気づきかもしれませんが、これはループカウンタとして変数 `i` を使っている「ループカウンタを使う for 文」に他なりません。python には、ループカウンタを用いた for 文のための文法は特別には用意されておらず、このように「リストを `range(n)` とする」ことにより、ループカウンタを伴う

for 文を実現します。python のように「リストの要素を順番に取り出しながら処理を逐一おこなう」タイプの for 文を、**for each 文**と呼んだりもします。

2.7 関数

Python の世界では、**関数**を簡単に定義して利用することができます。関数とは、呼び出すことによって、特定の処理を行ってくれる「決まった処理のかたまり」のことです。毎回複雑な処理を 1 から 10 まで記述するよりも、あらかじめ関数として処理をまとめておき、必要に応じて呼び出すほうが、ソースコードが効率化されますし、処理の流れも明快にわかりやすく記述できます。

例えば、以下のような `print_hello` 関数は、呼び出すことで「Hello!!」という文字列を画面に表示する、という処理をおこなってくれる関数です。

```
def print_hello():
  print("Hello!!")
```

図 2.27　呼び出すと「Hello!!」と表示してくれる関数を宣言。

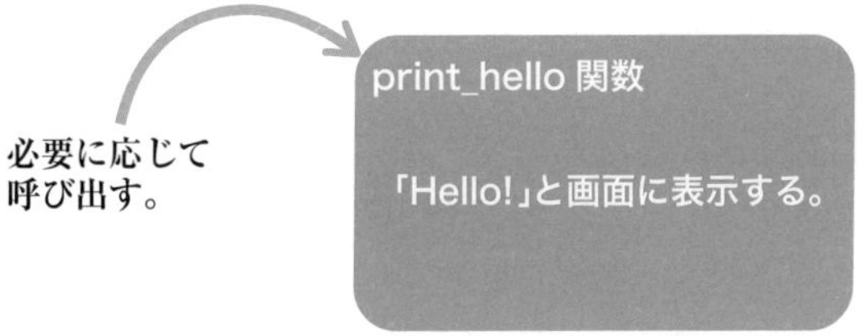

図 2.28　関数のイメージ。

この「`print_hello` 関数」は、呼び出したら決まって「Hello!!」という決まった文字列を表示するだけの単純な関数（なのでそれほどうまみがない）ですが、例えば、「2 つの数値を渡すとそれを足し算して表示してくれる」ような、「数値を受け取って、それに応じた処理をおこなう関数」なども扱うことができます。関数が処理に必要な数値を受け取ることを、**引数**を受け取るといいます。

例えば以下の add_print 関数[*18] は、

- 2 つの数値を受け取り、それを変数 a，b に格納し、
- それを足した値 (a + b) を画面に表示する

という処理をおこないます。

```
v = [1, 2, 3, 4, 5, 6, 7]#v を宣言し、[] 内の値を格納

print(v[0])             #v の要素 v[0] の内容を表示
print(v[4])             #v の要素 v[4] の内容を表示
print(v[6])             #v の要素 v[6] の内容を表示
```

```
  1
► 5
  7
```

図 2.29　受け取った 2 つの引数を足して画面に表示する関数。

実際に呼び出して処理をおこなわせるときは、以下のように数値を add_print 関数に渡します。

```
#関数 add_print(a,b) を定義（引数は a,b で受け取る）
def add_print(a, b):
  print(a+b)            #a+b を計算して表示

add_print(2, 3)         #add_print(a,b) 関数を呼び出す
                        #引数 a には 2、b には 3 を渡す
```

```
► 5
```

図 2.30　関数に引数として 2 と 3 を渡すと、足した結果の 5 が表示される。

関数は引数として数値だけではなく、文字列やリストなど、様々なものを受け取ることができます。

さらに、「計算結果を投げ返してくれる」関数も非常に有用です。例えば、以下の add_return 関数は、3 つの引数を受け取り、a、b、c に格納し、a + b + c を計算し

[*18] 引数：「いんすう」と読んでしまう方が多いのですが、「ひきすう」と読むので注意してください。数学の関数でいうところの独立変数です。

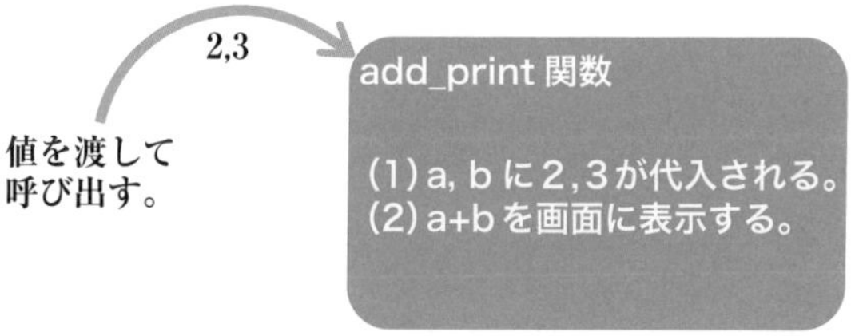

図 2.31　関数に引数を渡すイメージ

た結果を呼び出し元に投げ返します。この「投げ返される値」を、関数の戻り値と呼びます。

```
#関数 add_return（a,b,c）を定義（引数は a,b,c で受け取る）
def add_return(a, b, c):
  return a + b + c #引数の a,b,c を合計して、返す
```

図 2.32　3 つの数 a, b, c を引数として受け取り、その和 a + b + c を戻り値として返す関数。

実際に add_return 関数に 3 つの数を渡して、その和を受け取るときは、呼び出し元で変数を用意し、以下のように受け取ることが多いものです。

```
#関数 add_return(a,b,c) を定義（引数は a,b,c で受け取る）
def add_return(a, b, c):
  return a + b + c #引数の a,b,c を合計して、返す

#add_return(a,b,c) 関数を呼び出し、結果を result に代入
result = add_return(2, 3, 4)
print(result)        #result の内容を表示
```

▶ 9

図 2.33　呼び出し元で戻り値を受け取る。和を受け取れていることが確認できる。

このように関数は、

- 数値などを引数として渡して、
- それに応じた処理をおこなわせて、
- 処理結果を戻り値として受け取る。

という使い方をします[*19]。

数学とのつながりの話もしておきましょう。例えば、次の 2 次関数

$$f(x) = 2x^2 + 3x + 6$$

を考えます。数学でいうところの関数は「入力 (独立変数) x を受け取り、出力（従属変数）$f(x)$ を吐き出す決まったルール f 」という意味ですが、これは python における引数 (入力)、戻り値（出力）の関係と同じです。この 2 次関数は、python の関数を使って以下のように簡単に定義できます。

```
def f(x):                     #関数 f(x) を定義（引数は x で受け取る）
  return 2*x**2 + 3*x + 6 #計算結果を返す
```

図 2.34　2 次関数 $f(x) = 2x^2 + 3x + 6$ を定義。

実際に、例えば $x = 2$ における関数値 $f(2)$ を計算したい場合は、以下のように関数 f に引数 2 を渡します。

[*19] この「関数」という概念を初学者にレクチャーすると、なかなかに理解されないことも多いのですが、関数は「○○ 屋さん」として考えると理解をしやすいでしょう。

例えば「足し算計算屋さん add_return」を考えます。我々は処理の途中に「3 つの数を足した結果を知りたいなぁ」という欲望に駆られたとします。そのときに、自分で 3 数の和を計算するのではなく、「足し算計算屋さんに外注」するのです。3 つの数を渡して（引数)、「ちょっと足した結果教えてよ」というふうに。そうすると、「足し算計算屋さん」は、受け取った 3 つの数を足した結果を納品物としてこっちに渡してくれる（戻り値)、というイメージです。社長がワンマンプレイですべての業務をこなす会社よりも、様々な外注先を駆使して、社長は的確に外注をし続ける、というほうが見通しもよいし社長の業務量も減るだろう、という考え方だと思ってください。あくまでたとえ話ですよ、この話は。

```
def f(x):            #関数 f(x) を定義（引数は x で受け取る）
  return 2*x**2 + 3*x + 6 #計算結果を返す

f(2)                 #関数 f(x) を呼び出す
                     #引数 x には 2 を渡す
```

▶ 20

図 2.35　$f(2)$ を計算。

このように、いとも簡単に数学で扱う関数を定義できてしまうところも、python の大きな魅力です[20]。

2.8　クラス

クラスとは、「フィールド」（変数）と「メソッド」の集合体のことをいいます。これだけだと何のことかよくわかりませんが、実はこのクラスは、Python 全体、さらには数学、機械学習を Python を使っておこなう場合に中核をなすオブジェクト指向プログラミングを司る非常に重要な概念です。まずは「オブジェクト指向プログラミング」について簡単に学んでみましょう。

2.8.1　オブジェクト指向プログラミング

今まで我々が書いてきたプログラムは、

- 「上から順に処理を並べて書いて」
- 「それが順番に実行される」

という構造をしていました。このような「やりたい処理を順番に記述してそのとおりに処理が実現される」タイプのプログラムを手続き型プログラミングと呼びます。

一方、もっともっと複雑な処理を効率的にプログラムしたい！と考えたときに、手続き型プログラミングよりもよい方法として、全世界的に主流として採用されているのが、オブジェクト指向プログラミングです。オブジェクト指向プログラミングという思

[20] もちろん、他の言語でも同じようなことはできますけどね。

想に則って様々な処理を記述することで、可読性[*21]の高いソースコードが実現され、複雑な処理が非常にわかりやすく、明確に記述できます。

オブジェクト指向プログラミングとは、コンピュータの中に「仮想世界」を作り、その中に「様々なモノ」を作り、それに対して「命令」を与えることにより、「モノ」を動かし、互いにやりとりをさせることによって様々な処理を実現させる、というアイデアです。ここでは、簡単な例として

- 「車」の実体を仮想世界に生み出し、
- その「車」に指示を出して動かす。

というプログラムを作成してみましょう。今まで作ってきたプログラムとの「違い」にきっと驚くはずです。

2.8.2 シチュエーションの設定

まず、このプログラムを作る上で、「どのようなシチュエーション」を想定するのかを決めておきましょう。

- 我々プログラムを書く人間は「仮想世界をつかさどる神様」。
- 我々は仮想世界に「モノ」を生み出し、その「モノ」に指示を出して動かす。

2.8.3 「車」の設計図

さて、早速プログラムを作り始めるわけですが、「仮想世界」に「車」の実体を生み出す以上、「そもそも車とはどのようなものなのか」を最初に決めておかなければなりません。いわば、我々は「神様」目線で、「車」とはどのようなものなのか、ということを決定し、「設計図」を作らなければ何も始まらないのです。実はオブジェクト指向プログラミングにおいては、**その「設計図」こそが「クラス」という形で表現される**のです。

「車」というのはどういうものか、ということを決定する際に、我々は「車」が持つ

- 状態（属性）
- 機能（能力）

が何であるかを規定します。例えば車は

- ナンバー
- 現在のガソリン量

[*21] 可読性：ソースコードの「読みやすさ」のこと。

- 車体の色
- 製造メーカー名

などの「状態」を持つものであり、さらに、

- 発進する
- 曲がる
- 止まる

などの「機能」を持つと考えるのが自然です[*22]。

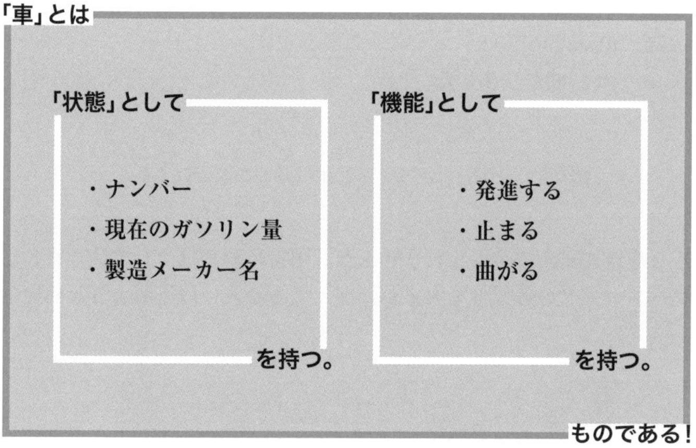

図 2.36　「車」の設計図。

「状態」は上の例を見てもわかるように、「数値」や「文字列」によって表されるものなので、これらは「変数」を使って表現されます。以前にも述べましたが、クラスの中に組み込まれた変数のことを、特に**フィールド**と呼びます。

「機能」は同じように上の例からわかるように、「呼び出すと所定の処理をおこなう」ものなので、「関数」をつかって表現されます。クラスの中に組み込まれている関数のことを、特に**メソッド**と呼びます。これらを「ひとつのまとまり」として表現するものこそが「クラス」であり、それはまさに「変数とメソッドの集合体」のことをいうのです。

では、この「車」の設計図を「クラス」という枠組みで書き表してみましょう。

```
class Car:
  def __init__(self, num, gas, maker):
    self.num = num        #「ナンバー」という状態を持つ
```

*22 本物の車には、もっと多くの機能があります。

```
    self.gas = gas        #「現在のガソリン量」という状態を持つ
    self.maker = maker  #「製造メーカー名」という状態を持つ

  def start(self):        #「発進」という能力を持つ
    print("発進しました。")

  def stop(self):         #「発進」という能力を持つ
    print("止まりました。")

  def curve(self):        #「曲がる」という能力を持つ
    print("曲がりました。")
```

図 2.37　「Car」クラスとして「車」の設計図を作る。

いろいろと複雑に見えるかもしれませんが、順番に解きほぐしていきましょう。まずは、このソースコードの各部分を大まかに捉えてみると、以下のような構造になっています。

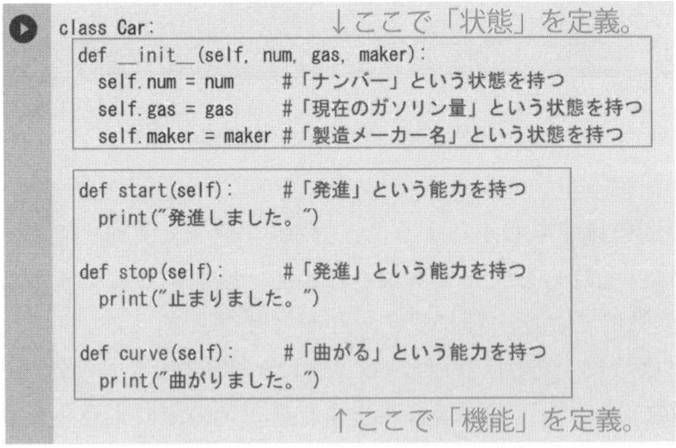

図 2.38　ソースコードの全体構造。

先に下部の「機能」のほうを見るとわかりやすいのですが、これは「車」が持つ「機能」がメソッドとしてずらずらと定義されている部分です。例えば、「車」に「発進せよ！」と命令することは、「車」が持つ「start メソッド」を呼び出すことに相当し、それを実行すると、「発進しました」と画面に表示される、と我々が神様目線で設計図の中に「定義」したというわけです。

注意が必要なのは、すべてのメソッドが受け取っている引数「`self`」[*23]です。この「`self`」については、今詳しい意味を説明すると混乱を招くのでさくっと触れますが、「自分自身」のことを表す引数だと考えてください。python においては、クラスを定義する際に必ずすべてのメソッドが「`self`」を引数として受け取らなければならないというお約束があります。

で、ちょっとややこしいのは上の「状態」を定義している部分です。よく見るとここは、「`__init__`」という名前のメソッドの形をしています。この「`__init__`」という名前のメソッドは特殊なメソッドで、コンストラクタと呼ばれます[*24]。とりあえずここではさくっと説明をしますが、この`__init__`は引数として、

```
self, num, gas, maker
```

の 4 つを受け取っていますが、メソッド内の 1 行目

```
self.num = num
```

は、以下のような処理を表しています。これにより、「車」自身の「ナンバー」というフィールドが、`__init__`に渡された引数 num に初期化されているのです。

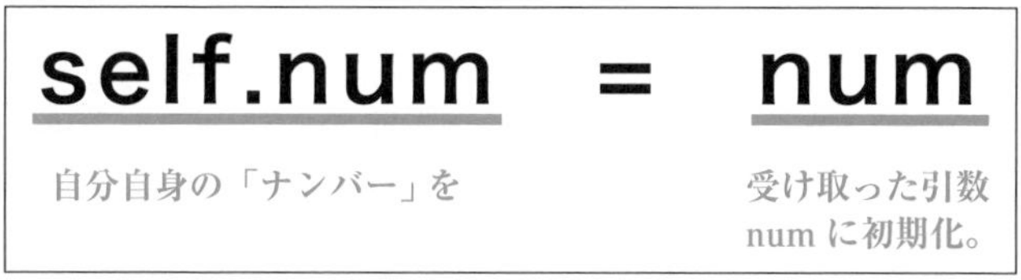

[*23] Java 言語においては「`this`」という名前です。
[*24] もう少し細かいことは、後ほどまた説明します。

2.8.4 仮想世界に「実体」を生み出す

このように、我々は仮想世界に生み出したい「車」の設計図をクラスとして定義したのですが、設計図を作っただけではまだ意味はなく、「実際に仮想世界に車の実体」を生み出し、それを「神様目線で操作する」ということをして始めて、我々が作りたかったプログラムを実現したことになります。

厳密にオブジェクト指向の考え方にのっとるのであれば、このように「インスタンス名. フィールド名」というふうに簡単にフィールドにアクセスができてしまうと、悪意のある第 3 者によるフィールドへの自由なアクセスを許すことになり、大規模なシステムなどを開発する際などには大きな問題となります。
それを防ぐための理論として**カプセル化**があります。カプセル化とは、各フィールドを **private フィールド**と呼ばれる**外部からアクセスできないフィールド**とすることで外部からのフィールドへの直接のアクセスを（読み書きともに）一切遮断し、その代わりに、**ゲッタ**、**セッタ**という 2 つの種類のメソッドを経由してフィールドにアクセスするという構造を考えることで、フィールドの不正な書き換えや読み出しを防ぐという方法です。
厳格にオブジェクト指向の鉄則に則ったソースコードを目指すのならば、当然このような「カプセル化」のようなことも考えなければならないのですが、我々はあくまでデータ分析のための一手法として Python でプログラムを書いているだけですから、通常はカプセル化までは気にしないでプログラミングをおこないます。
このあたりを詳しく勉強したい場合は、別途 Python の入門書を参照してみるとよいでしょう（なお、これは筆者の個人的趣味ですが、そのへんの「オブジェクト指向プログラミングとは何たるか！？」みたいなことをしっかり学びたければ、ぜひ Java 言語に入門してみましょう。Java 言語はオブジェクト指向プログラミング言語の花形とも言われる言語で、とても奥深いオブジェクト指向プログラミングの世界を味わうことができます)。

仮想世界に実際に設計図に基づいた実体を生み出すには、以下のようなソースコードを実行します。

```
c = Car(1234,0.0,"SUZUKI") #ナンバーは「1234」
                           #現在のガソリン量は「0.0」
                           #製造メーカー名は「SUZUKI」
```

図 2.39　c という名前で、車の実体を生み出す。

これにより、仮想世界の中に c という名前の「車」を実体として生み出すことができました。このクラスに基づいた実体のことを、Car クラスのインスタンスと呼びます。

インスタンスを作る際、実は一番最初に（自動的に）実行されているのがコンストラクタです。そう、コンストラクタとは、インスタンス化と同時に実行されるという特殊な機能を持ったメソッドのことなのです。インスタンスを作成しているこのコードでは、コンストラクタに順に「1234（ナンバー）、0.0（ガソリン量）、SUZUKI（メーカー名）」を各フィールドの初期値として渡し、その値を使ってインスタンスの各フィールドが「1234, 0.0, SUZUKI」に初期化されています。

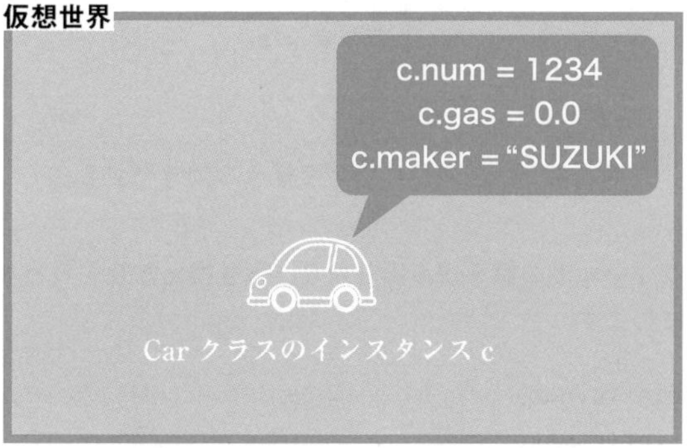

図 2.40　仮想世界に生み出した Car クラスのインスタンス c 。

いよいよ、この Car クラスのインスタンス c に神様目線で指示を出して動かしてみます。例えば、

- 「発進」せよ (start メソッドを呼び出す)
- 「曲が」れ (curve メソッドを呼び出す)
- 「止ま」れ (stop メソッドを呼び出す)

という命令を c に順に出すには、以下のようなソースコードを実行します。

```
c.start() #「発進せよ」と c に命令（メソッドを「呼び出す」）
c.curve() #「曲がれ」と c に命令（メソッドを「呼び出す」）
c.stop()  #「止まれ」と c に命令（メソッドを「呼び出す」）
```

図 2.41　c に様々な命令を与える。

実行結果は以下のようになります。

```
  発進しました。
▶ 曲がりました。
  止まりました。
```

図 2.42　c が命令に応じて様々な動きをする。

また、c の各フィールドの値を読み出したり、書き換えたりするときには以下のようなソースコードにします。

```
print(c.num)        #c の num フィールドを表示
print(c.maker)      #c の maker フィールドを表示

 #c の num フィールドを 4321 に書き換え（代入）
c.num = 4321
 #c の maker フィールドを SUBARU に書き換え（代入）
c.maker = "SUBARU"

 #書き換えられているかをもう一度表示して確認
print(c.num)
 #書き換えられているかをもう一度表示して確認
print(c.maker)
```

```
1234
SUZUKI
4321
SUBARU
```

図 2.43　c のフィールドを読み書きするソースコード。

2.9　機械学習とオブジェクト指向

我々が機械学習をおこなう際には、様々なクラスを利用して簡潔にデータ分析をおこないます。例えば、機械学習手法として非常に有名な **SVM（サポートベクターマシン）** を用いてデータ分析をおこなう簡単なソースコードの一部を見てみましょう。

```
from sklearn.svm import SVC

model = SVC(gamma = 'scale')
model.fit(X_train, Y_train)
Y_pred = model.predict(X_test)

print(Y_test[:10])
print(Y_pred[:10])
```

もちろん、本書では「SVM」も「そもそも機械学習手法でデータ分析ってなんなのよ」というところには全く触れていないので、ここではソースコードの詳細な処理の内容を理解する必要は全くないのですが、「なんとなく」、以下のようなことをしていることが、わかるようになっていませんか。

- 「SVC」クラスのインスタンスを作って、model という名前にしている。その際、コンストラクタに「gamma='scale'」を渡している。
- SVC クラスのインスタンス model の、fit というメソッドを呼び出している。その際、引数として X_train, Y_train を渡している。
- model の predict メソッドに引数 X_train を渡して呼び出している。その戻り値を Y_pred で受け取っている。

ちなみに、上の解説で「SVM」という名称をご紹介したところですが、ソースコードの中では SVC という名前になっています。詳細な解説はここでは省きますが、簡単にいうと、SVM の中で特に「分類問題」という種類の問題を解く際に、Python では特に「SVC（Support Vector Classifier）」というクラスを用いるのです。

このように、「オブジェクト指向」に則って書かれたプログラムを、「オブジェクト指向」の頭で捉えられるかどうかということが、プログラム全体を理解したり、プログラムを書いたりする上で非常に明快な見通しを与えてくれます。これを例えばオブジェクト指向を学ばずにやろうとすると、「こう書いたらこう動く」の繰り返しでソースコードを暗記することになってしまうのですよね。「暗記」しただけのソースコードは、例えば改良をしたり、自ら考えて書いたりということがやはり難しくなります。まぁ、この本は機械学習の本ではないので、ここに関して掘り下げるということはしませんが、「オブジェクト指向」を頭の片隅においておくだけでも、プログラミングをおこなう上での世界が変わるくらいの体験ができる！ということだけ、ここでは言及しておくことにします。

第 3 章

簡単な式の計算

Python では、以下のように数値同士の計算をおこなうことができました。

```
2 + 3,  2 - 3,  2 * 3,  2 / 3
```

このような計算は、数値の計算結果が数値として求められるという意味で、数値的計算と呼ばれます。Python を始めとするプログラミング言語は、この数値的計算を非常に得意とします。

しかしながら、数学において数値的計算と並んで重要な計算として、代数的計算（記号計算）があります。代数的計算とは、未知数（文字）を含む式の計算のことを指します。例えば、中学校くらいの数学で、以下のような計算に出会った記憶が頭の片隅にあるのではないでしょうか（「同類項」をまとめる計算）。

$$2x + 3y - 8x + 4xy + y - xy = -6x + 4y + 3xy \qquad \square$$

プログラミング言語は、数値的計算が得意な反面、この代数的計算がとっても苦手です。しかし、代数的計算は様々な数学において中核をなす考え方であり、これをプログラムの力を借りてスマートにやりたい…！という気持ちになることはとてもよくあります。そんな時に我々を華麗に助けてくれるのが、**SymPy** という Python で使えるモジュールです。

3.1 SymPy の機能を読み込む（import）

我々は文字を含む様々な代数的計算をしますが、Python でそれをする際に使うのが SymPy というモジュールです。SymPy を利用するには、以下の図の **import** のように SymPy の機能をすべて読み込みます[*1]。

この 1 行をプログラムの頭に記述するだけで、我々は SymPy により様々な代数的計算を思うがままにおこなえるようになります。早速、中学校で学ぶ「簡単な式の計算」から始めてみましょう。

```
from sympy import *  #sympy のインポート
```

図 3.1　SymPy の機能を読み込む。

3.2 文字の定義

未知数（変数）を Python で扱うには、まず最初に「この文字を未知数として扱いますよ」というふうに最初に宣言をする必要があります。例えば、x という文字を使って計算をおこなう際には、以下の **symbols 文**で x という未知数を宣言します。

```
x = symbols("x")  #symbols 文で未知変数の宣言
```

図 3.2　未知数 x を宣言。

[*1] python では、「`from モジュール名 import クラス名`」と記載することで、モジュール内のクラスを直接呼び出すことができるようになります。そして、「`from SymPy import *` 」という書き方をすると、`SymPy` というモジュールに含まれるすべてのクラスについて `import` を行うという意味になり、これをワイルドカードインポート呼びます。
実は python では、ワイルドカードインポートは推奨しないという向きもあるのですが、ここでは余り気にせず、ワイルドカードインポートでサクッと全てのクラスを `import` して利用することに割り切ってしまいましょう。

x, y のように複数の文字をまとめて宣言したいときには、以下のように記述します。

```
x, y = symbols("x y")  #symbols 文で未知変数の宣言
```

図 3.3　未知数 x, y をまとめて宣言。

3 つ以上の未知変数も、同様の書き方でまとめて宣言をすることができます。

3.3　多項式

x の多項式（polynomial）とは、以下のような形の式のことをいいます。

$$f(x) = a_n x^n + a_{n-1} x^{n-1} + \cdots + a_1 x + a_0$$

この書き方だとあまりピンとこないという方は、以下のような例を見るとわかりやすいかもしれません。

$$f(x) = 2x^2 + 5x - 1$$

足し算でつながったそれぞれのパーツ（上の例では $2x^2$, $5x$, -1 ）のことを単項式（monomial）、または項（term）といいます。また、文字 x を含まない項（上の例では -1 ）のことを定数項（constant term）と呼びます。

多項式には加法（足し算）、減法（引き算） などを定義できます。

例えば、以下の 2 つの多項式

$$f(x) = 2x^2 + 5x - 1$$

$$g(x) = x^3 - 3x^2 + 2x + 3$$

を考えたときに、2 つの多項式の加法は以下のように計算します。

$$
\begin{aligned}
f(x) + g(x) &= (2x^2 + 5x - 1) + (x^3 - 3x^2 + 2x + 3) \\
&= \underbrace{2x^2}_{\bigstar} + \underbrace{5x}_{\circ} - \underbrace{1}_{*} + x^3 - \underbrace{3x^2}_{\bigstar} + \underbrace{2x}_{\circ} + \underbrace{3}_{*} \\
&= x^3 - \underbrace{x^2}_{\bigstar} + \underbrace{7x}_{\circ} + \underbrace{2}_{*}
\end{aligned}
$$

上の式変形における、★ 同士、○ 同士、$*$ 同士のように、次数（degree）[*2] が等しい項を同類項（like terms）と呼びます。多項式の加法の計算は、同類項同士をまとめることにより計算をおこないます。

減法の計算もほとんど同じです。さきほどの 2 つの多項式について減法をおこなうと、

$$
\begin{aligned}
f(x) - g(x) &= (2x^2 + 5x - 1) - (x^3 - 3x^2 + 2x + 3) \\
&= \underbrace{2x^2}_{\bigstar} + \underbrace{5x}_{\circ} - \underbrace{1}_{*} - x^3 + \underbrace{3x^2}_{\bigstar} - \underbrace{2x}_{\circ} - \underbrace{3}_{*} \\
&= -x^3 + \underbrace{5x^2}_{\bigstar} + \underbrace{3x}_{\circ} - \underbrace{4}_{*}
\end{aligned}
$$

という結果が得られます[*3]。

[*2] x^n という項の次数は n と定義します。また、たとえば $x^2 + 3x + 1$ のような多項式の「次数」は、「項の中で次数が最大のもの」を見つけて、それを多項式自体の次数とすると定義されます。$x^2 + 3x + 1$ の最大次数の項は x^2 でその次数は「2」なので、多項式 $x^2 + 3x + 1$ の次数は「2」です。

[*3] $-(x^3 - 3x^2 + 2x + 3)$ の部分は、$-$ を分配法則を使って、以下のようにカッコを外すことに注意してください。$-(x^3 - 3x^2 + 2x + 3) = -x^3 + 3x^2 - 2x - 3$　□

3.4　多項式の加法、減法

さて、この計算、人間がやるとなるとなかなか面倒です。同類項を目で見つけるのには目を凝らさなければなりませんし、なにより、人間がおこなう計算にはやはり計算ミスがつきものです。できればこれをプログラミング言語を使ってさくっとできれば... という悩みを解決してくれるのが SymPy なんですよね。SymPy では、図 3.4 のように多項式を定義し、図 3.5 のように簡単に計算*4 できます。

```
from sympy import *     #sympy のインポート
x = symbols("x")        #symbols 文で未知変数の宣言
f = 2*x**2 + 5*x - 1    #多項式 f を定義
                        #多項式 g を定義
g = x**3 - 3*x**2 + 2*x + 3
```

図 3.4　多項式 $f(x)$、$g(x)$ を定義。

```
from sympy import *     #sympy のインポート
x = symbols("x")        #symbols 文で未知変数の宣言
f = 2*x**2 + 5*x - 1    #多項式 f を定義
                        #多項式 g を定義
g = x**3 - 3*x**2 + 2*x + 3

f + g                   #多項式 f と g の加法の計算
```

▶ $x^3 - x^2 + 7x + 2$

```
f - g                   #多項式 f と g の減法の計算
```

▶ $-x^3 + 5x^2 + 3x - 4$

図 3.5　加法、減法の計算。

*4 Google Colabratory の場合、「＋コード」をクリックしてコードセルを追加し記入すると、上段のセルの実行結果が利用できます。

... なんと、一瞬ですね。

これこそが、SymPy の強烈なパワーなのです。このように、

決まった流れの計算は SymPy に任せてしまう！

という思い切りによって、以下のような効率的な数学の学び方が可能になります。

- 人間でないと考えられないこと（式の定義や、どのような計算をおこなうのかという判断）は、人間がじっくりと時間を使っておこなう。
- 流れの決まった計算（例えば、今扱った多項式の加法、減法のような）は、それを得意とする SymPy に思い切ってぶん投げる。

なんというか、現代の新しい数学勉強法って感じがしますね。

著者はこの数学勉強法を非常におすすめしているのですが、注意しなければならない点があります。それは、**計算過程をブラックボックスにするべからず**、ということです。
というのも、SymPy で多項式の定義さえできてしまえば、多項式の加法、減法の計算ルールなど知らなくても、$f+g$, $f-g$ と入力して実行するだけで、SymPy は黙って加法、減法の計算をしてくれます。もちろん、便利なことではあるのですが、やはり計算の本質的ルールを知らずして文明の利器に計算を任せてしまうことは、絶対にやめましょう。
著者は今までたくさんの**機械学習エンジニア**を見てきました。そしてその中には、「よくわからないけどこうやって書いたら Python が結果を計算してくれるからそれでよい」というスタンスに立ってデータ分析などをおこなっている人が多くいました。しかし、

「仕組みをしらない」人

は、そのデータがどういう流れで得られたものなのか、そしてそのデータは本当にほしかったデータであるのか、ということがわかりません。そして結果として、

「自ら考えて改善する」「自ら考えて処理を作る」

などのことが一切できない、「決まったソースコードを切り貼りするだけの人間」になります。そしてこの癖は、一度つくとなかなか抜けるものではないのです。
みなさんがしっかりと「底力」をつけるために、やはり計算過程が如実に反映される

「手計算」をないがしろにするべきではない

のです。

- 手計算で計算過程（ルール）を感じる。
- その上で、面倒な計算（手の運動）は Python に任せる。

という流れを是非徹底してください。

3.5　多項式の乗法

SymPy では当然、多項式同士の**乗法 (掛け算)** も定義できます。例えば、以下の 2 つの多項式 $f(x)$ 、 $g(x)$ を考えましょう。

$$f(x) = x^2 + 3x + 1$$
$$g(x) = 2x - 5$$

この 2 つの多項式の乗法は、以下の**分配法則**を使って計算します。

分配法則

$$(a + b)(c + d) = ac + ad + bc + bd \qquad \square$$

図解して、以下のように順番に掛け算をしてカッコをはずすとわかりやすいでしょう。

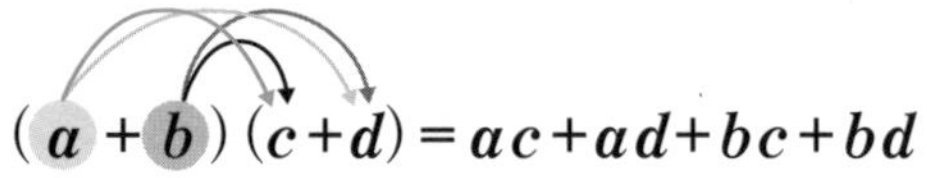

図 3.6　分配法則のイメージ。

実際に計算をしてみると、

$$\begin{aligned} f(x)g(x) &= (x^2 + 3x + 1)(2x - 5) \\ &= 2x^3 - 5x^2 + 6x^2 - 15x + 2x - 5 \\ &= 2x^3 + x^2 - 13x - 5 \qquad \square \end{aligned}$$

この計算を手で追いかけてみるとわかりますが、分配法則の計算（多項式の乗法）は結構面倒です。しかし、SymPy を使うと一撃で計算できます。SymPy を使った多項式の乗法は以下のように **expand** を使って計算しましょう。

```
from sympy import * #sympyのインポート
x = symbols("x")     #symbols文で未知変数の宣言
f = x**2 + 3*x + 1  #多項式fを定義
g = 2*x - 5          #多項式gを定義

expand(f*g)          #expandでfとgの乗法を計算
```

▶ $2x^3 + x^2 - 13x - 5$

図 3.7　SymPy で多項式の乗法を計算。

3.6　多項式に値を代入する

ところで、多項式は未知数 x を含む式でした。未知数を含む式や関数は、最終的に x に具体的な値を代入するという操作をよくおこないます。SymPy でそれをおこなうには、**subs** を使います。例えば、先ほどの

$$f(x) = x^2 + 3x + 1$$

に $x = 3$ を代入した $f(3)$ を計算したいときは、以下のように計算をおこなえますが...

$$f(3) = 3^2 + 3 \times 3 + 1 = 19 \qquad \square$$

やはりちょっと計算が面倒なので、SymPy にやってもらいましょう。

```
from sympy import * #sympyのインポート
x = symbols("x")     #symbols文で未知変数の宣言
f = x**2 + 3*x + 1  #多項式fを定義

f.subs(x,3)          #subsで多項式fのxに3を代入し、計算
```

▶ 19

図 3.8　$f(3)$ を計算。

3.7　多項式の除法

多項式には除法（割り算）も定義されます。多項式の割り算はちょっとややこしいのですが、普通の整数の割り算を思い出せば「同じ原理なのだ」と理解できます。

3.7.1　通常の整数の割り算

我々は小学校で、整数の割り算を習いました。例えば、 $7 \div 3$ を計算しろといわれたら、例えば割り算の筆算なんかを駆使して $7 \div 3 = 2$ あまり 1 と答えていました。そして右辺の 2 を、 7 を 3 で割った商 (quotient) 、 1 を剰余 (reminder) と呼びます。この計算の意味は意外とあまり意識されませんが、

- 7 は 3 が $\underbrace{2}_{\text{商}}$ 個分と、
- あまった $\underbrace{1}_{\text{剰余}}$ でできています。

ということを表していて、この

$$\underbrace{2}_{\text{商}} \text{と} \underbrace{1}_{\text{剰余}}$$

を求めることこそが、除法という計算なのです。そして、この「商」と「剰余」が必ず存在して、しかもただひとつに定まるんですよというのが、除法の原理と呼ばれる結果です。これは、数学的に証明されています。

（整数の）除法の原理

整数 a 、 b について、以下のような q 、 r が必ず存在して、しかも唯一に定まる。

$$a = bq + r \quad (0 \leq r < b)$$

□

我々は割り算の筆算という手法を使って、こういう q と r を求めているんですね。

3.7.2 多項式の除法

実は、2 つの多項式についても、「整数の除法の原理」と似たような結果が数学的に証明されています[*5]。

（多項式の）除法の原理

多項式 $f(x)$、$g(x)$ について、以下のような $q(x)$、$r(x)$ が必ず存在して、しかも唯一に定まる。

$$f(x) = g(x)\underbrace{q(x)}_{\text{商}} + \underbrace{r(x)}_{\text{剰余}} \quad （r(x) \text{ の次数} < g(x) \text{ の次数}）$$

□

このような $q(x)$、$r(x)$ を求める計算を、多項式の除法（割り算）といいます。手計算でやる場合には、多項式の割り算の筆算を使ってゴリゴリと計算をする[*6]のですが、SymPy を使うと一瞬で $q(x)$、$r(x)$ を求められます。例えば、$f(x) = x^3+2x^2+4x-5$ という多項式を $g(x) = 3x + 7$ で割った余り、すなわち

$$f(x) = g(x)\underbrace{q(x)}_{\text{商}} + \underbrace{r(x)}_{\text{剰余}} \quad (r(x) \text{ の次数} < g(x) \text{ の次数})$$

□

を満たす $q(x)$、$r(x)$ を求めるには、以下のように **div** という命令を使います。

```
from sympy import * #sympy のインポート
x = symbols("x")    #symbols 文で未知変数の宣言
                  #多項式 f を定義
f = x**3 + 2*x**2 + 4*x -5
g = 3*x + 5         #多項式 g を定義

div(f, g)           #div で多項式の乗法を計算
```

```
▶ (x**2/3 + x/9 + 31/27, -290/27)
```

図 3.9　多項式の除法を計算

---

*5 整数では $0 \leq r < b$ だった条件が、多項式の場合は「次数」に関する条件に変わっていることに注意です。

*6 詳細な説明は省略します。詳しくは高校数学の教科書にて。

計算結果はタプルで返ってきています。タプルの第 1 要素が商 $q(x)$ 、第 2 要素が剰余 $r(x)$ です。すなわち、

$$\underbrace{x^3 + 2x^2 + 4x - 5}_{f(x)} = \underbrace{(3x + 5)}_{g(x)}\underbrace{\left(\frac{1}{3}x^2 + \frac{1}{9}x + \frac{31}{27}\right)}_{q(x)}\underbrace{-\frac{290}{27}}_{r(x)}$$

が成り立つと、SymPy が求めてくれたということです。この $q(x)$ 、 $r(x)$ は、とてもではありませんが、筆算で求めるのは大変でしょうね...。

3.8　多項式の因数分解

多項式の乗法で、我々は次のような計算をしました。

$$\begin{aligned}(x^2 + 3x + 1)(2x - 5) &= 2x^3 - 5x^2 + 6x^2 - 15x + 2x - 5 \\ &= 2x^3 + x^2 - 13x - 5 \qquad \square\end{aligned}$$

このように、分配法則を用いてカッコを外し、ひとつの多項式の形で表しなおすことを、式の展開（expand）と呼ぶこともあります。

$$(\text{多項式})(\text{多項式}) \xrightarrow{\text{分配法則}} \text{多項式}$$

$$(x^2 + 3x + 1)(2x - 5) \rightarrow 2x^3 + x^2 - 13x - 5$$

この逆の操作、すなわち「1 つの多項式を 2 つ以上の多項式の積の形に変形する」ことを、多項式の 因数分解（factorization）と呼びます。つまり、**展開が「カッコを外す操作」**であることに対し、**因数分解は「カッコを外す前の姿に戻す操作」**です。

展開は、分配法則をつかってゴリゴリと計算すれば最終的には答えが出るのでそこまで本質的に難しい計算ではないのですが、手計算で因数分解をしようとすると、様々なテクニックを駆使して計算をおこなわなければなりません。中学校や高校の数学で因数分解のいろいろな定石を習った記憶がなんとなくあるという方も多いことでしょう。

手計算による因数分解の手法やテクニックをここでひとつずつ丁寧に解説することはやめておきます[*7] が、一応いくつかリストアップしてご紹介しておきます。

[*7] 詳しく知りたい！という方は、中学校と高校の数学の参考書を読めばだいたい確実にそのへんが載っていますのでご参照をば。

因数分解の手法

- 中学校
  - 共通因数でくくる
  - 因数分解の公式を利用
- 高校
  - ある文字に着目して降べきの順に整理する
  - たすき掛け
  - 因数分解の公式を利用

SymPy を使うと、式の因数分解が一瞬でできます。例えば、さきほどの

$$2x^3 + x^2 - 13x - 5$$

を SymPy で因数分解するには、**factor** を使います。

```
from sympy import * #sympy のインポート
x = symbols("x")    #symbols 文で未知変数の宣言

                    #factor で因数分解
factor(2*x**3 + x**2 - 13*x - 5)
```

▶ $(2x-5)\left(x^2+3x+1\right)$

図 3.10　factor で式を因数分解。

ちゃんともとのカッコが付いた形に戻りました。ちなみにこれを手計算でやろうとすると、結構いろいろな試行錯誤をすることになります…（詳細な手順は割愛）*8。

*8 著者もすぐには思いつきません（笑）。

3.9　多項式の最小公倍数、最大公約数

小学校で、我々は自然数の最小公倍数、最大公約数を習いました。たとえば、6 と 9 という 2 つの数について、

- 6 と 9 の共通の倍数のうち最も小さなものは 18 なので、最小公倍数は 18
- 6 と 9 の共通の約数のうち最も大きなものは 3 なので、最大公約数は 3

ということがわかります。

実は多項式にも、この「最小公倍数」「最大公約数」が定義されます。簡単な例題を通じてこれを理解してみましょう。たとえば、

$$f(x) = x^2 + 5x + 6$$

$$g(x) = x^3 + 3x^2 - x - 3$$

のどちらも因数分解をしてみましょう。SymPy を使ってさくっと因数分解をしてみると以下のようになります。

```
from sympy import *         #sympy のインポート
x = symbols("x")            #symbols 文で未知変数の宣言
f = x**2 + 5*x + 6          #多項式 f を定義
g = x**3 + 3*x**2 - x -3    #多項式 g を定義

factor(f)                   #factor で多項式 f を因数分解
```

► $(x+2)(x+3)$

```
factor(g)                   #続けて、多項式 g を因数分解
```

► $(x-1)(x+1)(x+3)$

図 3.11　$f(x)$ 、$g(x)$ を因数分解。

見やすく書きなおしておくと

$$f(x) = (x + 2)(x + 3)$$
$$g(x) = (x - 1)(x + 1)(x + 3)$$

です。

この 2 つの式が持つ共通の約数[*9] のうち、次数が最大のものを最大公約数、また、$f(x)$ 、 $g(x)$ の倍数のうち最も次数が小さい式のことを最小公倍数と呼びます。

ちょっとむずかしいですかね。しかし、自然数の場合になおして考えてみるとわかりやすいです。

例えば、2 つの数 18 と 30 の最小公倍数、最大公約数を求めてみます。まずは 2 つの数を素因数分解すると、

$$18 = 2 \times 3^2$$
$$30 = 2 \times 3 \times 5$$

になります。最大公約数はこの 2 数の最大の共通の約数のことなので、共通に含まれる素因数を最大限抜き出すと 2 と 3 です。ですので、 $2 \times 3 = 6$ であることがわかります。

さらに、 18 と 30 の共通の倍数の中で最も小さいものが最小公倍数なので、 18 と 30 に次のように最低限の数をかけて、右辺を一致させます。

$$18 \times 2 \times 5 = 2 \times 3^2 \times 5$$
$$30 \times 2 \times 3 = 2 \times 3^2 \times 5$$

よって、最小公倍数は 90 であることがわかります。

さて、 $f(x)$ 、 $g(x)$ でも同じようなことを試みてみましょう。

$$f(x) = (x + 2)(x + 3)$$
$$g(x) = (x - 1)(x + 1)(x + 3)$$

[*9] 多項式の「約数」「倍数」という言葉は、普通の整数で使う意味の「多項式バージョン」です。すなわち、$f(x)$ の「約数」とは、$f(x)$ が因数として含む多項式のこと、「倍数」とは、$f(x)$ に何か多項式をかけてできる多項式のことをいいます。

$f(x)$ と $g(x)$ は共通のパーツ（因数といいます）として、$(x+3)$ を持っており、さらに、これ以上共通因数を抜き出すことはできません。よって、$f(x)$、$g(x)$ の最大公約数は $(x+3)$ です。さらに、$f(x)$、$g(x)$ の因数分解を見比べると、$f(x)$ に $(x-1)(x+1)$ をかけて、$g(x)$ に $(x+2)$ をかけると、

$$(x-1)(x+1)(x+2)(x+3)$$

となり、両者の共通の倍数が得られます。よって、最小公倍数は、

$$(x-1)(x+1)(x+2)(x+3)$$

ということがわかります。

このように、多項式の最小公倍数、最大公約数は、実は我々が慣れ親しんだ整数のそれとほとんど同じような考え方によるものであるということがわかるでしょう。

で、ここまで多項式の最大公約数、最小公倍数を理論的な観点で解説してきましたが、これも SymPy を使うと、実は簡単に求めることができます。SymPy で最大公約数を求めるときは **gcd**、最小公倍数を求めるときは **lcm** を使います[*10]。以下に、例を示します。

```
from sympy import *           #sympy のインポート
x = symbols("x")              #symbols 文で未知変数の宣言
f = x**2 + 5*x + 6            #多項式 f を定義
g = x**3 + 3*x**2 - x -3      #多項式 g を定義

gcd(f,g)                      #gcd で、f と g の最大公約数を求める
```

▶ $x+3$

```
lcm(f,g)                      #続けて、lcm で f と g の最小公倍数を求める
```

▶ $x^4+5x^3+5x^2-5x-6$

図 3.12　$f(x)$ と $g(x)$ の最大公約数、最小公倍数を求める。

[*10] それぞれ、**G**reatest **c**ommon **d**ivisor、 **L**east **c**ommon **m**ultiple の頭文字を取っています。

ちなみに、最後の lcm は展開された形で求められているのでさきほどの答えとの比較がこのままではできませんが、こういうときは factor を使って因数分解をもう一発かませば解決です。

```
factor(lcm(f, g))    #上図に続けて、因数分解でわかりやすく表示
```

▶ $(x-1)(x+1)(x+2)(x+3)$

図 3.13　因数分解でわかりやすい形に変形。

この gcd（最大公約数）、lcm（最小公約数）は普通の整数にも使えるので便利ですね。

```
from sympy import * #sympy のインポート
gcd(18, 30)         #gcd で、18 と 30 の最大公約数を求める
```

▶ 6

```
lcm(18, 30)         #続けて、18 と 30 の最小公倍数を求める
```

▶ 90

図 3.14　18 と 30 の最大公約数、最小公倍数を求める。

これまで、多項式の計算を色々と紹介してきましたが、他にも様々な計算をおこなうことができます。

3.10　多変数の多項式の計算

今までは x というひとつだけの文字でできた多項式を扱ってきましたが、複数の文字からできている多項式というのもよく登場します。例えば、

$$h(x, y) = x^2 + 2xy + y^2$$

のような感じです[*11]。

*11 複数の変数からできている多項式（1 変数でない）を、多変数多項式などと呼びます。

このような多変数の多項式についても、1 変数のときとほとんど同じようなことができます。例えば、

$$h(x, y) = x^2 + 2xy + y^2$$

$$k(x, y) = x^3 + xy^2 + 3xy - 3y^2$$

という 2 つの多項式について、値の代入は以下のように subs を使っておこなうことができます。

```
h.subs([(x, 1), (y, 2)])  #subs を使って、x と y に代入する
                          #引数は、タプルのリストで渡す
```

▶ 9

図 3.15 $h(x, y)$ に $x = 1, y = 2$ を代入したときの値 $h(1, 2)$ を計算（引数は「タプルのリスト」です）。

和、差、積はすべて、1 変数のときと同じように、

- 和 → 同類項をまとめる。
- 差 → 同類項をまとめる。
- 積 → 分配法則を使い、その後同類項をまとめる。

というふうに計算できます。実際に計算してみましょう。

```
from sympy import *          #sympy のインポート
x, y = symbols("x y")        #symbols 文で未知変数の宣言
h = x**2 + 2*x*y + y**2      #多変数の多項式 h を定義
                             #多変数の多項式 k を定義
k = x**3 + x*y*2 + 3*x*y - 3*y**2

                             #subs を使って、x と y に代入する
h.subs([(x, 1), (y, 2)])     #引数は、タプルのリストで渡す
```

▶ 9

図 3.16 $h(x, y)$ 、$k(x, y)$ の和、差、積の計算。

商については、多変数の場合は結構理論が面倒なので説明を割愛しますが、**div** を使うと 1 変数の場合と同じような手順で商、余りを求めることができます[*12]。

因数分解についても、1 変数の場合と同様に、「展開の逆操作」としておこなうことができます。例えば、$h(x, y)$ を因数分解してみると、

```
from sympy import *          #sympy のインポート
x, y = symbols("x y")        #symbols 文で未知変数の宣言
h = x**2 + 2*x*y + y**2      #多変数の多項式 h を定義

factor(h)                    #factor で多項式 h の因数分解
```

▶ $(x+y)^2$

図 3.17　$h(x, y)$ の因数分解。

確かに、$(x+y)^2$ を展開してみると、

$$\begin{aligned}(x+y)^2 &= (x+y)(x+y)\\ &= x^2 + xy + yx + y^2\\ &= x^2 + 2xy + y^2\\ &= h(x,y)\end{aligned}$$

となり、展開された $h(x, y)$ と一致します[*13]。

最小公倍数、最大公約数については例によって説明を割愛します[*14]。

*12 多変数の多項式の除法についての理論は、いろいろと奥深い内容であるため、ここでは解説を割愛します。興味のある方は、「多変数 多項式 除法」でググってみたり、あるいは、代数学（環論）の教科書を参照するとよいかもしれません。

*13 2 乗の展開公式 $(x+y)^2 = x^2 + 2xy + y^2$ を使ってもよい

*14 実は多変数多項式の割り算関係が絡んでくる話というのは、ちゃんとやろうとするとどうしても少々ばかしややこしい理論に立ち入ってしまうのです。まぁ、この本はあくまで「基礎的な数学」の力をつけることを目標としていますので、最初からそんなディープな世界に入り込んでいこうとは思わない勇気も必要だと思います。

第 4 章

初等関数を扱ってみよう

さて、というわけで SymPy で多項式の基本的な計算をしてきましたが、なかなかに SymPy の威力の強力さを体感できているのではと思います。ですが、SymPy の本領発揮はまだまだこれから。というのも、数学の世界が本格的に広がるのは、関数というものが登場してからなのです。この章では、特に数学の世界において大活躍を果たす初等関数の代表的なものについて、SymPy とともに学んでいきましょう。

4.1　関数とはなにか

まず最初に、関数という言葉の定義をしっかりとしておかなければ話が始まりません[*1]。

関数（function）の定義

関数とは、とある入力 x に対して、出力 y を対応させる規則（ルール）f のことである。

はて。これだけだとイマイチ何だかよくわかりません。こういうときは例を通じて納得してみましょう。

関数は「数字 x を入れると、とある決まったルールに従って出力 y に変換して吐き

[*1] 著者は中高生向けに数学教育を長年やっていた経験があるのですが、学校の授業では「関数」という言葉が非常によく登場するにも関わらず、「関数」という言葉の意味（定義）を問うと途端に答えられなくなる学生がとても多いのです。みなさんももしかしたら、そんな症状に陥っていませんか？
数学は「定義」が最も重要な学問なので、本書ではしっかりそこから押さえていきましょう。

出してくれる箱」と考えると理解がしやすいです。例えば、以下のような箱は、どのようなルールに従って入力 x から出力 y を計算していると思いますか？

図 4.1　f はどんな計算規則を表しているでしょう？

何となく、「入力 x を 2 倍したものを出力 y として吐き出す」というルールを表すのが、

$$f$$

なのかな？とも思えますが、まだこれだけを見てもこの関数の正体はわかりません。なぜなら、次のようなパターンも考えられるからです。

- f は「x を 2 倍したものを y として出力する」ルールである。
- f は「x に 2 を足したものを y として出力する」ルールである。
- f は「x を 2 乗したものを y として出力する」ルールである。

というわけで、f がどんなルールなのかを絞り込むために、もう少しいろいろな数を入力してみましょう。

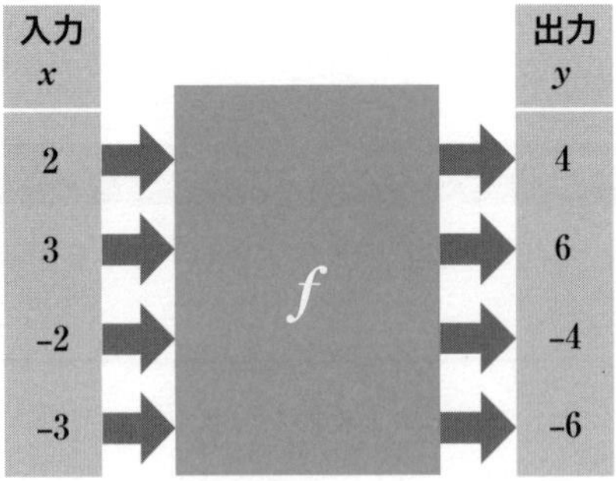

図 4.2　f はどんな計算規則を表しているでしょう？

ここまで数値が出揃えば、「あ、これは入力 x を 2 倍したものを出力 y として吐き出す」ルールなのだな、と「特定」できますね（注）。

この「特定できる」ということを、数学では以下のように表します。

$$y = 2x \qquad \square$$

または、出力 y という文字をいちいち導入するのが面倒くさい場合には、

$$f(x) = 2x \qquad \square$$

と書くこともあります。

このような

数値（入力）に数値（出力）を対応させるルール

のことを、

数学では「関数」

と呼びます。

この章では、この「ルール（関数）」として、様々なものが考えられるんですよ、例えば、こんなのとか、こんなのとか... というお話をしていきます。で、その「関数」は、実は SymPy を使うと非常に容易に扱うことができるのです。

（注）ただし、厳密にいうと、実はこれでも特定はできていません。というのも、この「ルール」というのは、「数値に数値を対応させるルール」であれば「何でも OK」なのです。例えば、以下のようなルールだって OK なんですよ。

f は以下の 5 つの条件を満たすルールである。

- 入力 x が 2 のときは、出力 y として 4 を吐き出す。
- 入力 x が 3 のときは、出力 y として 6 を吐き出す。
- 入力 x が -2 のときは、出力 y として -4 を吐き出す。
- 入力 x が -3 のときは、出力 y として -6 を吐き出す。
- 入力 x が上の 4 つ以外のときは、出力 y として 0 を吐き出す。

もしかしたらこのルールが f の正体かもしれませんよね。ですから、「f は入力 x を 2 倍して y として吐き出すルールだ！」とは全く断言などできていないのです。

しかし、通常はこのような「変なルール」（厳密な話はいったん置いておいて）は考えないことにして、我々にとって「常識的」な形をしているルールであるという前提のもとに、様々なルール（関数）を扱うという立場に立ちます。そうでもしないと、キリがないですから・・・（数学って怖いですね）。

4.2　多項式関数

前章で扱った多項式は、実は関数を定めます。例えば、以下のような多項式を考えましょう。

$$f(x) = x^2 + 3x + 1$$

例えばこの多項式に $x = 1$ を代入すると、

$$f(1) = 1^2 + 3 \times 1 + 1 = 5 \qquad \square$$

というふうに、多項式の「値」が計算できましたよね。これを「入力 $x = 1$ に対する出力」とみなすことで、多項式はそのまま「数値に数値を対応させるルール」すなわち「関数」として扱うことができるのです。

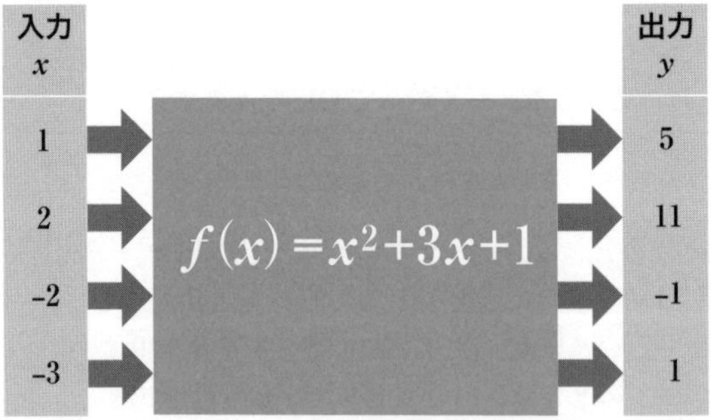

図 4.3　多項式は関数を定める。

多項式関数（polynomial function）の定義

多項式関数とは、以下のような形をした関数のことである。

$$f(x) = a_n x^n + a_{n-1} x^{n-1} + \cdots + a_1 x + a_0 \qquad \square$$

4.2.1 1 次関数

多項式関数のうち、次数が 1 の多項式によって定まる関数を 1 次関数 (linear function) と呼びます。すなわち、以下のような形をした多項式関数のことです。

$$f(x) = a_1x + a_0 \qquad \square$$

係数 a_1 と定数項 a_0 は、それぞれよく傾き (slope) と切片 (bias) と呼ばれます。

これ、中学校 2 年生くらいで聞いた記憶がある人が多いかもしれません。しかし、中学校では 1 次関数といえば、

$$y = ax + b$$

という式の形をとりあえず覚えて、a 、b を傾きと切片と呼んだよな... ちょっと違うよな... と感じる方もいるでしょうが、実はここで出てくる話と、中学校で出てくる $y = ax + b$ の話は全く同じです。

中学校では、関数を入力 x と出力 y の関係式として、

$$y = \cdots$$

という形で書いていました。そして、1 次関数を扱う際には、x の係数を a 、定数項を b と書いていたのです。

本書では、もっと一般的な「多項式関数」を扱うために、以下のような記法を採用しています (矢印の左が中学校で慣れ親しんだ記法で、右が本書の記法です。記法が違えど、本質的に表している意味は同じ)。

$$y \to f(x)$$
$$a \to a_1$$
$$b \to a_0$$

なんでこういう書き方をするかというと、中学校で採用していたように a, b という連続したアルファベットを係数を表す記号として使うとなると、例えば係数を 27 個以上持つ多項式を扱いたいときに、アルファベットの数 (26 文字) だけじゃ足りなくなっちゃうんですよ。係数が少ない多項式を扱うのならば $a, b, c, \ldots$ のような連続したアルファベットで OK (中学校ではそうだった) なのですが、本書ではそういう「アルファベット不足」という事態を想定して、係数を $a_{(番号)}$ という記法でわざと表しています。この記法を使うことにしておけば、例えば係数が 10000 個あるような多項式を扱いたくても、

$$a_0, a_1, \ldots, a_{9999}$$

というふうに何の問題もなく係数に記号を割り振れます。

例えば、以下の関数は 1 次関数の一種です（傾きが 2 で、切片が 1 ）。

$$f(x) = 2x + 1$$

x に入力値を適当に代入してみるとわかりますが、1 次関数は、

- 定数（傾き）倍
- 定数（切片）を足す

という 2 つの操作をおこなう関数だということがわかりますね。

特に、定数項 a_0 が 0 であるような 1 次関数を、比例関数（propotional function）と呼びます[*2]。

4.2.2 2 次関数

多項式関数のうち、次数が 2 の多項式によって定まる関数を 2 次関数（quadratic function）と呼びます。すなわち、以下のような形をした多項式関数のことです。

$$f(x) = a_2x^2 + a_1x + a_0 \qquad \square$$

これは、高校で習う 2 次関数と同じです[*3]。

x に入力値を適当に代入してみるとわかりますが、2 次関数は、

- 入力 x を 2 乗（ x^2 ）して、定数（ a_2 ）倍して、
- 入力 x を定数（ a_1 ）倍して足して、
- 定数（ a_0 ）を足す。

という 3 つの操作をおこなう関数だということがわかますね。

以下、同じように、3 次の多項式により定まる次の多項式関数

$$f(x) = a_3x^3 + a_2x^2 + a_1x + a_0$$

を 3 次関数（cubic function）と呼び、4 次の多項式により定まる多項式関数を …（以下省略）。

一般に、次数が n （n は自然数）の多項式により決まる多項式関数を、特に n 次関数（n-th order function）と呼びます。

---

*2 これも中学校で出てきますね。

*3 「平方完成」とか「標準形」とか「一般形」とか習った記憶ありませんか。あれです。

4.2.3 SymPy で関数を定義して使ってみる

実際に多項式関数を SymPy で定義してみましょう。例えばここでは、2 次関数 $f(x) = x^2 + 3x + 2$ を定義します。あらかじめ **symbols 文**を使って x という文字を宣言しておくのを忘れないでくださいね。

```
from sympy import *      #sympy のインポート
x = symbols("x")         #symbols 文で未知変数の宣言
f = x**2 + 2*x + 2       #多変数の多項式 f を定義
```

図 4.4　2 次関数を定義。

このように、非常に簡単に関数 $f(x)$ を定義することができました。x に具体的な値（入力）を代入し、出力を計算する場合には以下のように **subs** を用います。

```
f.subs([(x, 2)])     #続けて、subs で多項式 f の x に 2 を代入し、計算
```

▶ 12

図 4.5　$x = 2$ に対する出力値を計算。

とりあえずこの章では、様々な関数の種類をご紹介して、このように定義、値を代入、という一連の手順を試してみることにしましょう。

4.2.4 SymPy を使わずに関数を使ってみる

ちなみに、SymPy の機能を使わずとも、Python の元の機能だけを使って関数を定義し、値を代入して出力を計算するということもできます。その場合は、Python の関数の機能を使って以下のようにおこないます。考え方としては、引数として入力 x を関数に渡し、戻り値として出力を返してもらうというものです。

```
def f(x):                    #関数 f（x）を定義
  return x**2 + 3*x + 2 #返り値を計算
f(2)                         #関数 f に引数 2 を渡して、呼び出す
```

▶ 12

図 4.6　Python の関数として定義、代入。

この方法でも、一見して関数を定義して扱うことができる（この方法もよく使われる）のですが、実は SymPy を使って関数を定義したほうが、様々なメリットがあります。SymPy を使った場合、

- グラフの描画が非常に簡単におこなえる（SymPy を使わない場合、グラフの描画にかかる手順が結構面倒）
- 関数の演算（和、差、積、商など）が簡単にできる（例えば、関数 $f(x) = x^2 + 3x + 2$ と関数 $g(x) = x^2 + 2x - 1$ の和は、$f(x) + g(x) = 2x^2 + 5x + 1$ というふうに、通常の多項式の和のように計算して新たな関数を得るというふうにおこないます。そして、この計算は**代数的計算**なので、これは SymPy が得意とする計算なのです）。
- この他にも、関数に対して専用に用意された便利な命令が SymPy にはあらかじめ備わっている（本書で後に現れる「微分」や「積分」などは、SymPy を使わずにおこなおうとすると結構面倒なのですが、SymPy ではすでにそれらのための命令が用意されているので、特に面倒なことを考えることなくさくっと計算をおこなえます）。

「そんなに文明の利器に頼りっきりで大丈夫なのか」というふうに感じられる方ももしかしたらいるかもしれないですが、まぁ、

使えるものは使っておけばよい

のです。本書は、SymPy というでかい船にどっぷり乗っかって、ノーストレスでこんなにも色々なことができるのか、ということを楽しむのが最大の目的なわけですから。

4.3　指数関数

例えば、2^2 、3^5 のように、累乗の計算を我々はよくおこなってきました。この「累乗」の計算を拡張すると、我々は指数関数という非常に重要な関数を定義することができます（左下の数を底（てい）、右肩に乗せる数のことを指数」と呼びます）。

4.3.1　指数の拡張

我々は累乗の計算 n^m の意味を n を m 回掛け算する」というふうに捉えています（中学校でもそういうふうに習いますね）。が、この考え方だと、例えば以下のように、指数にちょっと複雑な数が乗っかるということが起きたときに、

$$2^{\frac{1}{2}}, \qquad 3^{-3}, \qquad 5^0$$

計算をおこなうことができません！

- 「$\dfrac{1}{2}$ 回かける」
- 「-3 回かける 」
- 「0 回かける」

というのは、意味がわかりませんからね。

しかしながら、数学の理論を進んでいく上で、「指数に分数や負の数が乗っかった」ときにも、適切な累乗の値が計算できることが、実は非常に重要な意味を持つようになります。よって、これから我々がおこなうことは、「指数のところに分数、負の数が乗ったときに、その値をどのように計算することが自然なのか」ということを考えることになります。

4.3.2　指数法則

そのヒントとなるのが、指数法則です。この指数法則は実は中学校でも習うもので、「累乗がもつ当たり前の性質」を表す、とても基本的かつ重要なルールです。指数法則を以下に述べます。

指数法則（exponent rules）

$$a^m a^n = a^{m+n}$$

$$(a^m)^n = a^{mn} \qquad \square$$

このルールは、実は**「累乗の計算において当たり前に成り立つ性質」**を 2 つ挙げたものです。なぜなら、例えば 2^n という累乗を考える上で、以下のようなことが当たり前のように成り立ちますね。

$$\begin{aligned}
2^3 \times 2^4 &= \underbrace{(2 \times 2 \times 2)}_{2^3} \times \underbrace{(2 \times 2 \times 2 \times 2)}_{2^4} \\
&= \underbrace{2 \times 2 \times 2 \times 2 \times 2 \times 2 \times 2}_{2\text{ を }7\text{ 回}} = 2^7 \\
&= 2^{3+4}
\end{aligned}$$

1 つ目のルールは、「これが成り立つよ」という主張です。まぁ、「同じ底で m 回の累乗と n 回の累乗を 2 つ掛け算したら、結局 $m+n$ 回累乗をしたことになりますよね」ということです。同じように 2 つ目のルールも、以下の例から納得できるでしょう。

$$\begin{aligned}
(2^3)^4 &= \underbrace{2^3 \times 2^3 \times 2^3 \times 2^3}_{2^3\text{を }4\text{ 回}} \\
&= \underbrace{2 \times 2 \times 2 \times \cdots \times 2 \times 2}_{2\text{ を }12\text{ 回}} \\
&= 2^{12} \\
&= 2^{3 \times 4}
\end{aligned}$$

「同じ底の m 回の累乗をさらに n 回の累乗したら、$m \times n$ 回の累乗になりますよね」ということですね。

4.3.3 「公理化」により広がる世界

なぜこんな「当たり前の性質」が重要なのかというと、これは「累乗演算が持つ最も根本的な性質」だからです。

ここで重要な数学において非常に重要な考え方を述べておきます。我々は今まで、「累乗の計算 a^n 」を「a を n 回かける」計算と考えていました。しかし、それだと「指数に分数や負の数が来ると計算の方法がわからなくなってしまう」ということも、さきほど見たとおりです。

そこで、我々は「累乗の計算 a^n とは、a を n 回かけることだ」と考えていましたが、そうではなく、さきほど見た「最も根本的な 2 つの性質を満たすような計算」こそが累乗の計算なのだ、というふうに考えます。

まずは累乗 a^n を「a を n 回かけること」と定義する。

↓

指数法則という性質が「当たり前」に得られる。

↓

「指数法則を満たす」ことが「累乗」の資格だと発想を転換。

この考え方により、「同じ数を n 回かける」という定義では計算ができなかった累乗が、「指数法則を満たしさえすればよい」という考え方で自然に考えられるのです。これだけだとピンとこないと思うので、実際の例で納得してみましょう。

- **$2^{\frac{1}{2}}$ の正体は？**

我々は現段階では $2^{\frac{1}{2}}$ という値を計算することができません。なぜなら、「$\frac{1}{2}$ 回かける」という意味が全くわからないからです。しかし、指数法則を手がかりにすれば、以下の性質が成り立たなければならないことは自然です。

$$(2^{\frac{1}{2}})^2 = 2^{\frac{1}{2}\times 2} = \underbrace{2^1}_{2}$$

$(2^{\frac{1}{2}})^2 = 2$ ということは $2^{\frac{1}{2}}$ は「2 乗すると 2 になる数」だと定義するのが自然だとわかります。よって、$2^{\frac{1}{2}}$ の正体が以下のように得られます。

$$2^{\frac{1}{2}} = \sqrt{2}$$ □

- **2^{-1} の正体は？**

  同じような発想で、2^{-1} も定義することを試みます。指数法則を手がかりにすれば、以下のような法則が成り立たなければならないことが自然です。

$$2^{-1} \times 2^2 = 2^{-1+2} = \underbrace{2^1}_{2}$$

$2^{-1} \times 2^2 = \underbrace{2^1}_{2}$ の両辺を 2^2 で割ると、

$$2^{-1} = \frac{2^1}{2^2}, \quad \frac{1}{2^1}$$

となるので、2^{-1} の正体が以下のように得られます。

$$2^{-1} = \frac{1}{2^1}$$ □

- 2^0 の正体は？　指数法則を手がかりにすれば、以下のような法則が成り立たなければならないことが自然です。

$$2^0 = 2^{1-1} = \underbrace{2^1}_{2}\underbrace{2^{-1}}_{\frac{1}{2}} = 1$$

よって、2^0 の正体が以下のように得られます。

$$2^0 = 1$$ □

このアイデアから得られる結論を一般化して、以下のような指数の拡張が完了[*4]します。

指数の拡張

$$a^{\frac{1}{m}} = \sqrt[m]{a}$$

$$a^{-m} = \frac{1}{a^m}$$

$$a^0 = 1$$

*4 さきほどの議論を参考にして、以下の結果を自力で導いてみてください。

$\sqrt[m]{a}$ は、a の m 乗根をあらわし、「m 乗すると a になる数」のことです。

さらに、以下のような複雑な指数でも、指数法則と指数の拡張を駆使すれば値を求めることができます。

$$2^{-\frac{5}{2}} = 2^{-5\times\frac{1}{2}} = (2^{\frac{1}{2}})^{-5} = \sqrt{2}^{-5} = \frac{1}{\sqrt{2}^5} = \frac{1}{4\sqrt{2}}$$

□

4.3.4 指数関数

ここまでの解説で、我々は**指数部分**にどんな数でも乗せることができるようになりました[*5]。たとえば、

$$2^{\frac{3}{2}},\quad 3^{-\frac{1}{2}},\quad 5^0, \ldots$$

などなど。この操作によって、以下のような関数を考えることができるようになります。

$$f(x) = a^x \ (a > 0)$$

この関数は、底である a の指数部分に x という入力を与えることで、a^x の値を出力してくれます。この関数を、底が a の**指数関数**と呼びます。

指数関数（exponential function）

以下のように定まる関数 $f(x)$ を、底 a の**指数関数**という。

$$f(x) = a^x \ (a > 0)$$

では、底が 2 の指数関数を定義し、実際に値を代入してみましょう。

[*5] ここで「ん？」と思った方は非常に鋭いです。実は、さきほどの議論だけでは「どんな数でも指数にできる」わけではありません。というのも、今までの議論では、**無理数** (irrational number) を指数に入れることには言及していないのです。無理数とは、正や負の分数によって表せない数のことで、例えば $\sqrt{2}, \pi$ などたくさんあります。

無理数を指数に乗せたとき、その値をどう計算するのかはすでによく知られた理論があるのですが、ここでは深く触れることはせず、「無理数についても指数関数の入力にすることができ、それに合理的な値を割り振ることができる」ということだけ知っておけば十分でしょう。

```
from sympy import * #sympy のインポート
x = symbols("x")    #symbols 文で未知変数の宣言
f = 2**x            #関数 f を定義

f.subs([(x,2)])     #subs で、x に 2 を代入して、計算
```

▶ 4

```
f.subs([(x, 1/2)])  #続けて、subs で、x に 1/2 を代入して、計算
```

▶ 1.4142135623731

```
f.subs([(x,-1)])    #続けて、subs で、x に-1 を代入して、計算
```

▶ $\frac{1}{2}$

図 4.7　底が 2 の指数関数の定義、値の代入。

x に $\frac{1}{2}$ や -1 を代入すると、たしかに「指数の拡張」で見たのと同じ結果が現れているのがわかりますね。このように、指数関数を扱うのは非常に簡単です。

4.4 対数関数

指数関数と対になる非常に重要な関数に、対数関数 (logarithmic function) があります。この関数を理解するために、簡単な指数関数として

$$f(x) = 2^x$$

を考えましょう。この関数は、以下の例のように入力を出力に変換しますね。

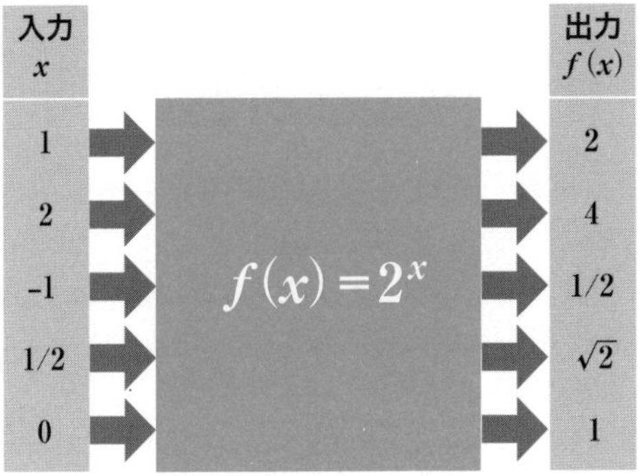

図 4.8　$f(x) = 2^x$

この例を日本語で言うなれば、

- 入力 1 が出力 2 に変換されている。
- 入力 2 が出力 4 に変換されている。
- 入力 -1 が出力 $\frac{1}{2}$ に変換されている。
- (以下略)

ということになります（まぁ、これが指数関数ってことですよね)。さて、ここでこのルールを「逆の言い方」で表現してみましょう。以下のようにこのルールを表現しても、結局は同じことです。さきほどの指数関数 $f(x) = 2^x$ において、

- 出力が 2 だったら、そのときの入力は 1 である。
- 出力が 4 だったら、そのときの入力は 2 である。
- 出力が -1 だったら、そのときの入力は $\frac{1}{2}$ である。
- (以下略)

さて、この考え方は、出力と入力を逆に読み替えれば、「指数関数の逆」の対応規則を表していると考えることができます。すなわち、下図のようなルールを考えることができます。

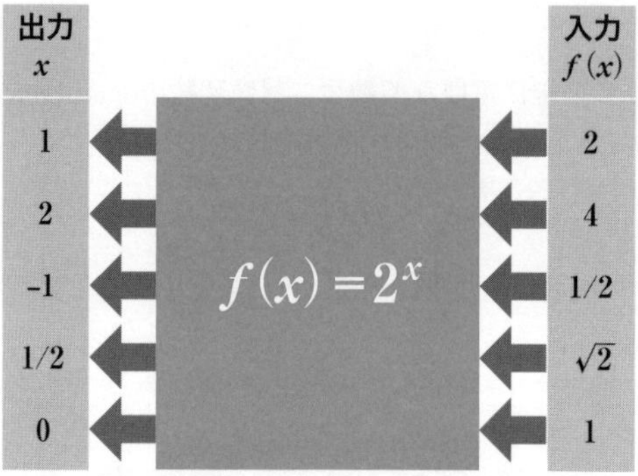

図 4.9　$f(x) = 2^x$ の逆の対応ルール。

例えばこのルールでは、右から「8」を入力すると、そのときの出力は「3」というふうに左から吐き出されます。これは、「指数関数の逆の対応」という意味を持つ新たな関数が手に入ったことになりますね。

この関数を、「指数関数 $f(x) = 2^x$ の逆」という意味で、対数関数 $g(x) = \log_2 x$ と書きます。

対数関数（logarithmic function）

> 指数関数 $f(x) = a^x$ $(a > 0)$ の逆の対応規則を $g(x) = \log_a x$ と書き、底が a の対数関数と呼ぶ。また、対数関数の入力 x を真数 (antilogarithm) と呼ぶ。

対数関数を手っ取り早く理解するには、とりあえず入力から出力を計算してみるのがわかりやすいでしょう。例えば、$g(x) = \log_3 x$ を考えるとき、$g(9)$ を計算するには以下のように考えればよいのです。

- 対数関数 $\log_3 x$ の入力 $x = 9$ は、指数関数 3^x でいうところの出力である。
- 指数関数 3^x の値が 9 ということは、そのときの入力 x（指数）は 2 である。
- よって、$g(9) = \log_3 9 = 2$ である。

もっと手っ取り早く考えれば、結局 $\log_3 9$ の値は、

- 9 は、3 の肩（指数）に 2 を乗せたものなので、
- $\log_3 9 = 2$ である。

というふうに値がわかります。いくつかの値で練習すれば、結構簡単に意味がつかめるはずです。また、指数と対数の関係を表す以下の式も、さきほどまでの説明を考えれば簡単に納得がいくと思います。

$$y = a^x \iff x = \log_a y \qquad \square$$

また、以下の性質も同じ意味です。

$$a^{\log_a b} = b \qquad \square$$

対数関数は、数学全般において非常に重要な役割を果たすのみならず、近頃流行している機械学習などでも頻繁に現れる重要な関数です。

4.4.1 真数条件

ところで、指数関数 $f(x) = a^x \ (a > 0)$ は、x に何を入力しようが絶対に正の数にしかなりません。すなわち、

どんな入力 x に対しても、$a^x > 0$

が成り立ちます。

この理由は簡単で、例えば $f(x) = 2^x$ を考えたときに、

- x に正の数を入れたときは、当然 $2^x > 0$ 。
- x に 0 を入れたときは、$2^x = 2^0 = 1 > 0$ 。
- x に負の数を入れたときは、2^x は結局逆数になるだけなのでやはり $2^x > 0$ 。

この性質は指数関数の重要な性質になります。

そして、この事実から、対数に課せられる非常に重要な条件が導かれます。

真数条件

$\log_a x$ について、$x > 0$ でなければならない。

すなわち、log の真数には正の数しか入れてはいけませんよという、いわば暗黙の了解のようなものがこの真数条件なのですが、これは以下の理由から納得できます。

- 対数の真数（対数関数の入力）は「指数関数の出力」である。
- 指数関数は**正の数しか出力しない**（さっき述べたとおり）。
- よって、真数には正の数しか入れられない（0 以下の数を入力した場合、対応する値が定義できない）。

4.4.2 対数関数を SymPy で扱ってみる

対数関数を SymPy で定義し、実際に値を代入して計算ができることを確かめてみましょう。例えば $g(x) = \log_3 x$ は、底 3 を第 2 引数に指定し、以下のように定義します。

```
from sympy import *     #sympy のインポート
x, g = symbols("x g") #symbols 文で未知変数の宣言
g = log(x, 3)           #式 g を定義

g.subs([(x, 9)])        #subs で x に 9 を代入して、計算
```

▶ $\frac{\log(9)}{\log(3)}$

図 4.10 $g(x) = \log_3 x$ を定義。

subs を使って x に 9 を代入すると、何やらよくわからない $\log 9/\log 3$ という結果が現れました。ここに関しては後ほど詳しく説明しますが、簡単化をされていない形で答えが出力されてしまっています。このような結果を数値として評価して出力するには、N という命令を使います。

```
#続けて、x に 9 を代入し、N を使って数値を求める
N(g.subs([(x, 9)]))
```

▶ 2.0

図 4.11 N で数値を出力。

2 という、さきほど見た結果と一致しましたね。N を使って数値として値を出力することは、結構 SymPy では使うことが多いです[*6]。

[*6] SymPy で何かを計算して、「いや、結局それって数字で言ったらいくらやねん!?」というツッコミを入れるのが、N なのだと思えば OK です。

また、数値を直接評価するのではなく、式として簡略化したいときには、**simplify** を使うこともできます。

```
#続けて、x に 9 を代入し、simplify を使って簡略化した数値を求める
simplify(g.subs([(x, 9)]))
```

▶ 2

図 4.12　simplify で簡略化した結果を表示。

こちらも、ちゃんと結果が合っていますね[*7]。

4.4.3　対数の大切な性質

対数には、指数法則のように重要な性質がいくつかあります。まず最初に、対数関数の比較的基本的な性質をご紹介します。

対数の性質（1）

(i) $\log_a 1 = 0$

10pt

(ii) $\log_a a = 1$

10pt

(iii) $\log_a b^c = c \log_a b$ (係数 = 真数の肩)

これらの性質は、(i) と (ii) は対数の意味がわかっていれば当たり前、(iii) もわりと簡単な性質です。このような性質が成り立つことは、「数学的証明」によって示すことが通常です。せっかくですので、ここではこの 3 つの性質を数学的に証明してみましょう。

証明 (proof) とは、とある主張が厳密に成り立つことを数式変形によって示す一連の流れのことをいいます。「証明」と聞くと拒絶反応を起こす人というのは実は一定数いて、それがなぜかというと、おそらく中学校 3 年生くらいでやる三角形の合同、三角形の相似みたいな話が頭の中に思い出されるのが割と大きな原因な気がします（2 辺とその間の角が... みたいな合同条件を丸々覚えさせられた記憶ないですか？）。

[*7] SymPy で何かを計算して、「いや、もうちょっと簡単にしてくんね!?」とツッコミを入れるのが、**simplify** だと思えば OK です。simplify の出力結果は、このように簡単な数値になる場合には簡単な数値になるまで簡略化してくれますし、簡単な数値になるまで簡略化ができないときには、できる限り簡略化をした式を出力してくれます。要は、「SymPy のセンスで、できる限り簡単な式に変形をしてくれる」ってことですね。

しかし、自分に言わせればあんな丸暗記したことをセオリーに則って当てはめて意味不明なままなんとなく正解を書くなんてのは証明でも何でもありません。証明とは、「数学的主張が正しいことを数学を用いて厳密に示すこと」。それ以上でもそれ以下でもないのです。

とはいっても、本書の主題はあくまで

数式を正しく効率的に使う

ことですので、証明に関してはまぁ、そこまでこだわりすぎなくてもよいということも一方で言及しておきます。

Proof. (i) a^x において、$x = 0$ のとき必ずその値は 1 となるので、

$$\log_a 1 = 0 \qquad \square$$

(ii) a^x において、$x = 1$ のとき必ずその値は a となるので、

$$\log_a a = 1 \qquad \square$$

(iii) $M = \log_a b$ とおいて、両辺を a の肩に乗せると、

$$a^M = b$$

である。両辺を c 乗すると、

$$a^{cM} = b^c$$

これは、指数と対数の関係により、結局

$$cM = \log_a b^c$$

すなわち、

$$c \log_a b = \log_a b^c \qquad \square$$

$\square$

さらに、対数は以下の性質も持ちます。

対数の性質（2）

(i) $\log_a M + \log_a N = \log_a MN$ （対数の**加法性**）

(ii) $\log_a M - \log_a N = \log_a \dfrac{M}{N}$

Proof. (i) $x = \log_a M,\ y = \log_a N$ とおけば、$a^x = M,\ a^y = N$ 。辺々かける[*8]と、

$$a^x a^y = MN \qquad \square$$

これを指数法則で左辺を変形すると、

$$a^{x+y} = MN \qquad \square$$

すると、指数と対数の関係より、

$$x + y = \log_a MN$$

であり、x, y をもとに戻すと、

$$\log_a M + \log_a N = MN \qquad \square$$

(ii) $-\log_a N = \log_a N^{-1} = \log_a \dfrac{1}{N}$ である。これより、

$$\log_a M - \log_a N = \log_a M + \log_a \frac{1}{N}$$

で、加法性より、

$$\log_a M + \log_a \frac{1}{N} = \log_a M \times \frac{1}{N} = \log_a \frac{M}{N} \qquad \square$$

□

さらにもうひとつ、対数の重要な性質を記しておきましょう。

底の変換公式

$$\log_a b = \frac{\log_c b}{\log_c a}$$

この性質の意味はちょっとわかりにくいですが、簡単に一言でいうと、**「任意の対数は、どんな底の対数にでも変換できる」**というなかなかに便利な性質です。先にこの性質を使う練習をして雰囲気を掴んでみましょう。例えば、$\log_2 3$ という対数を考えたとして、これを「底が 5 の対数を使って表したい」という気持ちになったとしましょう[*9]。このとき、底の変換公式で $a = 2,\ b = 3,\ c = 5$ とすれば、

[*8] 辺々かけるとは、左辺同士、右辺同士をかけるという意味です。同じ意味で、辺々加える、辺々引くなどの言葉も使われます。

[*9] 結構そういうシチュエーションは多いです。

$$\log_2 3 = \frac{\log_5 3}{\log_5 2}$$

というふうに、底が 5 の対数だけを使って表しなおすことができるのです。これを知っていると、実は SymPy を使って対数を扱うのが非常に容易になります。底の変換公式にも、一応証明をつけておきましょう。

Proof. $x = \log_a b$ とおく。両辺を a の肩に乗せると、

$$a^x = b \qquad \square$$

両辺、底が c の対数をとると、

$$\log_c a^x = \log_c b \qquad \square$$

左辺の真数の肩から x をおろすと、

$$x \log_c a = \log_c b \qquad \square$$

両辺を $\log_c a$ で割ると、

$$x = \frac{\log_c b}{\log_c a} \qquad \square$$

x をもとに戻すと、

$$\log_a b = \frac{\log_c b}{\log_c a} \qquad \square$$

□

4.4.4　ネイピア数と自然対数

詳しくは微分の章で述べますが、実は指数関数の底として数学で一般的に用いられる数は決まっており、その数は**ネイピア数**（Napier's constant）e と呼ばれるものであり、

$$e = 2.71828182846\cdots$$

という数です。すなわち、我々がここから一般的に用いるのは、

$$f(x) = e^x$$

という指数関数になるということです。

また、ということは、必然的に対数関数も底が e のものを用いることが多くなります。底が e の対数

$$\log_e x$$

のことを、特に**自然対数**(Natural logarithm) と呼び、いちいち底を e と書くのが面倒なので、通常は以下のように表します[*10]。

$$\log x \qquad \square$$

また、機械学習の書籍などでは、「**l**og **n**atural」の頭文字を取って、以下のように表されることも多くあります。

$$\ln x \qquad \square$$

このネイピア数 e という数は数学的に非常に重要な意味を持ち、特に微分との関わりが非常に強いのですが、現段階では以下のように理解しておけば十分でしょう。

なぜネイピア数 e を底として用いるのか

理由 1. 指数関数や対数関数の底としてネイピア数 e を用いることにより、**様々な指数、対数関数の計算が圧倒的に簡単になる。**

理由 2. ネイピア数 e を底とする対数関数を使って、**どんな底の対数関数でも表現することができる。**

理由 2 については、**底の変換公式**を使えばすぐに説明がつきます。たとえば、$\log_2 3$ という対数は、結局のところ底の変換公式を使って底を e に変換してしまえば、

$$\log_a b = \frac{\log b}{\log a}$$

というふうに、自然対数だけを使った形に変換ができてしまいますね。これが理由で、我々は、

自然対数だけを当面は念頭に置いておけば十分

といえるのです。ちなみに SymPy で 2 や 3 のような任意の底の対数を含む計算をおこなうと、基本的に自然対数を使って書きなおされたこの形で結果が出力されます。

e を底とする指数や、自然対数は SymPy で次のように扱えます。ネイピア数の e は SymPy では E として定義されているんですね。

*10 $\log_x$ は、$\log_{10}$ の場合もあるので注意。

```
from sympy import * #sympy のインポート
x = symbols("x")    #symbols 文で未知変数の宣言
f = E**x            #関数 f を定義。E はネイピア数（e）
g = log(x)          #関数 g を定義。log(x) は、ネイピア数（e）が底

f.subs([(x, 1)])    #subs で x に 1 を代入して、計算
```

▶ e

```
g.subs([(x, E)])    #続けて、x に E（ネイピア数）を代入して、計算
```

▶ 1

図 4.13　底 e の指数関数、対数関数を SymPy で扱う。

`log(x)` というふうに底を指定しなければ、SymPy が勝手に自然対数として扱ってくれているのがポイントです。また、`E**x` と書く代わりに、`exp(x)` と書いても同じ意味になります。e を底とする指数関数もよく使うので専用の書き方が用意されているのですね。

4.4.5　対数の代数的計算

さて、ここからが SymPy の本領発揮なのですが、実は SymPy を使うとこれらの性質を用いた対数の代数的計算を簡単におこなうことができます。ちょっと前にも書きましたが、Python をはじめとするプログラミング言語は、基本的に代数的計算が苦手です。しかしながら、SymPy を使うと、それが一瞬で自動的にできるのですよ。

例えば、

$$\log L + \log M - \log N$$

は、さきほど述べた性質を使って以下のように簡単化できます。

$$\log \frac{LM}{N}$$

これを SymPy でおこなう（すなわち、対数の性質を適用して対数の式を簡単化する）には、以下のように **logcombine** という命令を使います。

```
from sympy import *                           #sympy のインポート
                                              #symbols 文で未知変数の宣言
L, M, N = symbols("L M N",positive = True)
logcombine(log(L) + log(M) - log(N)) #logcombine で計算結果を簡略化
```

▶ $\log\left(\frac{LM}{N}\right)$

図 4.14　logcombine で対数を簡単に変形。

ちなみに、symbols 文を使って真数部分に入れる文字を定義するときに、positive=True というオプションを指定しています。というのも、対数には真数条件があるので、真数部分に 0 以下の数を入れることができません。ですので、このオプションによって、**真数部分に入れる文字が 0 以下**になることはありませんよと SymPy に伝えているのです。このオプションを指定せずとも対数の簡単な計算くらいであれば問題なくできるのですが、例えばここで使っている logcombine なんかは、このオプションを指定しないとうまく動いてくれません。

また、この logcombine は、log(x, 2) のように自然対数以外の対数で使おうとしたときも、あんまりうまいこと動いてくれないことに注意です。一応なんとなく式の変形はしてくれるんですけどね。

4.5　三角関数

三角関数は、三角比と呼ばれる量から導かれる非常に様々な応用が知られている関数です。機械学習などでもちょいちょい現れるだけではなく、あらゆる音が三角関数を組み合わせることによって表せたりだとか、バネの振動を記述するのに必要不可欠だったりだとか、とにかく多岐にわたってこの

三角関数という奴は怒涛の大活躍を見せる

のです。

4.5.1　三角比

三角関数をきちっと定義するために、三角比を導入しましょう。まず、**直角三角形**[*11]を考えます。以下の図ような直角三角形において、次の 3 つの **辺の比**とを角度 θ の三角比として定義します。

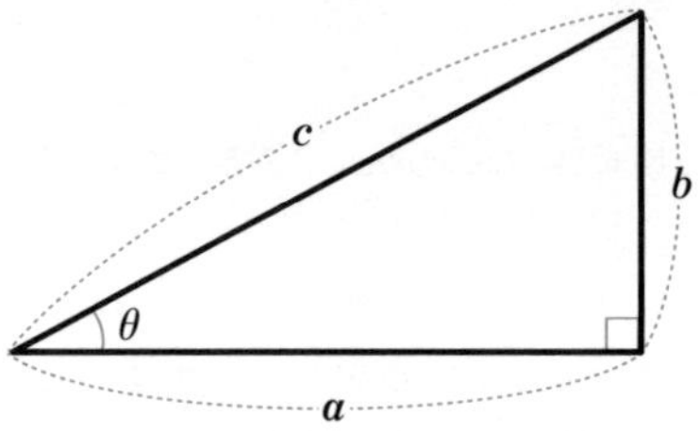

図 4.15　直角三角形。

θ の三角比（triangular ratio）

以下の 3 つの辺の比を総称して、 θ の**三角比**と呼ぶ。

$$\sin\theta = \frac{b}{c}$$

$$\cos\theta = \frac{a}{c}$$

$$\tan\theta = \frac{a}{b}$$

上記の式の $\sin\theta$ 、 $\cos\theta$ 、 $\tan\theta$ はそれぞれ、「さいんしーた」「こさいんしーた」「たんじぇんとしーた」と呼び、日本語では「正弦 」「余弦」「正接」と呼ぶこともあります。

[*11] 直角三角形：ひとつの角度が直角（90°）であるような三角形のことです。また、直角に向かい合う辺のことを斜辺と呼び、地面に接している辺を 底辺と、もうひとつの辺を 高さと呼びます。

4.5.2　三角比？なんだそれ？

はて。この定義は一体何なんだ？という感じですね。定義自体は「はぁ、そうなんですか」という感じですが、一体これによって何が嬉しいのかというのは今のところよくわかりません。

まぁ、どんな数学の教科書を見ても、実はそこに関して明快に解説されていることはあまりありません。が、我々はあくまで「数学を使いこなす」という立場に立っているわけなので、ちょっとこの時点で、

三角比の一体何が嬉しいのか？

の説明を試みてみたいと思います[*12]。

- **三角比は「角度のみ」によって決まる「不変量」である。**
  例えば、以下のような相似 (similarity)[*13] な直角三角形を考えましょう。

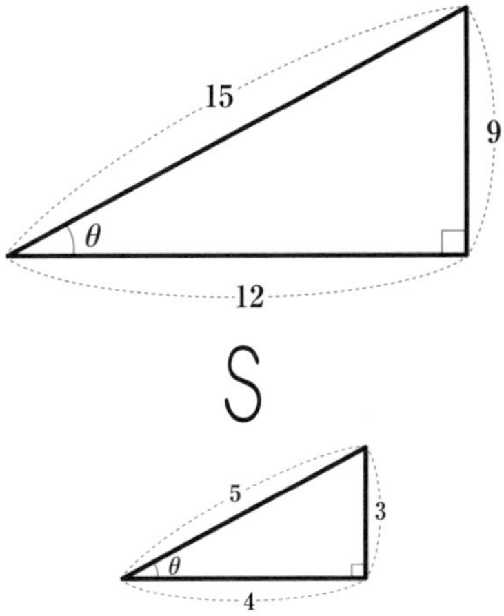

図 4.16　相似な 2 つの直角三角形。

[*12] とはいっても、この時点で「三角比はこんなに役に立ちます！すごいでしょう！」と明快に言い切ることはなかなかに難しいところもあります。数学というのは得てしてそうなのですが、「とりあえず受け入れておいて、あとから有り難みがわかってくる」みたいなことが多々あるのです。三角比なんてのはまさにその最たる例で、「明日から使える」みたいなものではないのですよね。

とりあえず、数学の勉強を通じて、そんな体験をしてみるのも悪くはないのではないでしょうか。世の中、こういうことって色々ありますからね。「まずはやってみて、いつか役立つ日がくることを信じて待つ」のも大切なことです。**数学が「役立つ日がくる」**ことは、著者が保証しますから。

[*13] 互いに「拡大・縮小」によって移り合えるような図形同士を相似であるといいます。

この2つの直角三角形は相似ですが合同ではありませんので、三角形としては異なります。しかし、この2つの直角三角形について、三角比を計算するとどれも等しくなることがわかります（実際に計算してみてください）。これは結局、三角比というのは角度 θ によってのみ決定されている（すなわち、直角三角形の「大きさ」によらない量）ということです。こういう量を不変量とか呼ぶことがありますが、不変量が得られるということは、数学の世界では嬉しいことが多いものです。

- **測量の役に立つ。**
  三角比は、様々な「長さ」を測るのに非常に役に立ちます。これはまぁ、高校の教科書なんかを見ても、ビルの高さを求める問題なんかがよく載っているように、かなり単純な計算によって求めることができてとても嬉しいことです（本書では解説を省略）。
- **三角比から得られる「三角関数」は、様々な物理現象に当てはまる。**
  例えば、物理学におけるバネの振動や円運動なんかは、三角関数を用いると極めて明確に表現できることが知られています（本書では解説を省略）。
- **機械学習において、活性化関数などとして現れることがある。**
  機械学習においては、例えばニューラルネットワークの活性化関数として tan に関係する関数が用いられることがあります（本書では解説を省略）。

4.5.3 有名三角形の三角比

以下の 2 つの直角三角形は、特に有名な三角形として知られていて、俗に有名三角形などと呼ばれます[*14]。

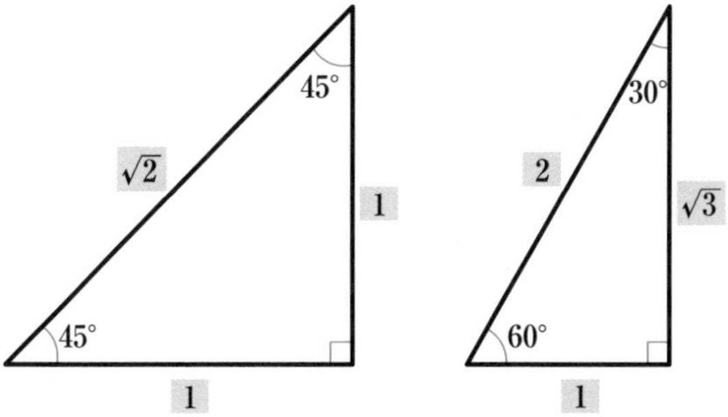

図 4.17　有名三角形。

上図中にもあるとおり、実は有名三角形の辺の比は非常に単純な値になります。特に、三角比については以下のような値になることがわかります。

	30°	45°	60°
$\sin\theta$	$\frac{1}{2}$	$\frac{1}{\sqrt{2}}$	$\frac{\sqrt{3}}{2}$
$\cos\theta$	$\frac{\sqrt{3}}{2}$	$\frac{\sqrt{2}}{1}$	$\frac{1}{2}$
$\tan\theta$	$\frac{1}{\sqrt{3}}$	1	$\sqrt{3}$

図 4.18　有名三角形の三角比。

[*14] 小学校時代に「三角定規」を 2 枚持たされていた記憶はありませんか。実はあの 2 つ三角形は「有名三角形」だったわけです。

4.5.4　Python で三角比を計算してみる。

Python を使えば、三角比の計算を簡単におこなうことができます。Python で三角比を計算するためには、以下のように **math モジュール**を使って計算をおこないます。

```
from math import * #math のインポート
sin(radians(30))   #radians を使って、
                   #弧度法で 30 度の sin を計算
```

▶ 0.49999999999999994

```
cos(radians(30))   #続けて、30 度の cos を計算
```

▶ 0.8660254037844387

```
tan(radians(30))   #続けて、30 度の tan を計算
```

▶ 0.5773502691896257

図 4.19　math モジュールの $\sin$ 、$\cos$ 、$\tan$ を使って 30° の三角比を計算。

とても簡単に計算できますね[*15]。$\sin$ 、$\cos$ 、$\tan$ の引数に与えている「`radians`」の意味はこれから解説します。

4.5.5　度数法と弧度法

今まで、角度を測る際には 30° 、60° などのようにしていました。このような角度の測り方を**度数法**（degree）と呼びます。度数法は我々が小学生のときから慣れ親しんだ角度の測り方なので、なんとなくわかりやすい感じもするのですが、数学的な議論をすすめる上で、この「人為的に」定義された度数法を使っていると、若干の不都合が生じてしまいます。そこで、これからの数学的議論の展開をスムーズにするために、「新たな角度の測り方」を定義します。

以下のような半径 1 の円（**単位円**といいます）を半分にしたものを用意しましょう。

[*15] ちなみに、$\sin 30^\circ$ の値を見ると特にわかりやすいですが、$\sin 30^\circ$ の値は本当は 0.5 ピッタリのはずです。しかしながら、Python で計算した値を見るとほんの少しのズレが出てしまっていることがわかります。これはどうしても Python の仕様上仕方がないことなのですが、まぁ気になるという場合は、`round(sin(radians(60)))` のように、`round` を使って小数点以下を丸めるなどすれば、とりあえず気になることはなくなるでしょう。

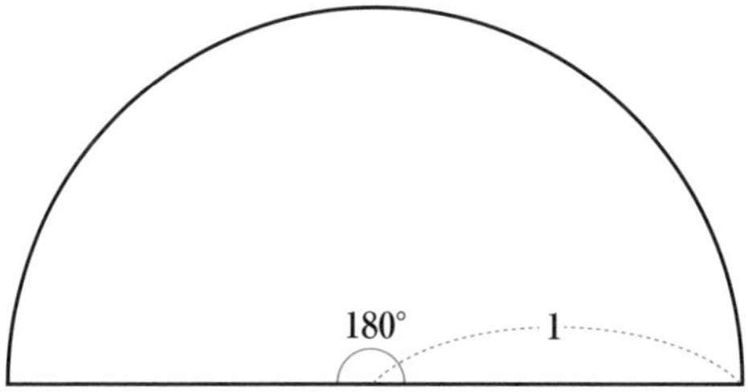

図 4.20　単位円の半円。

円の中心に位置する角度は 180° で、そのときの半円の周の長さ（直径の分は含まない）は π になることがわかります[*16]。

これは要するに、単位円を 180° 分切り取ると、周の長さが π になるという簡単な事実を表しています。また、周の長さが π になるときは、単位円を 180° 分切り取ったときに限られます。すなわち、以下のような一対一対応が成り立つことがわかりますね。

$$180^\circ \longleftrightarrow \pi$$

そこで、こういうふうに考えるのです。一対一対応しているのならば、わざわざ別の名前で呼ばずとも、「180° のことを π と呼んでしまって問題はないであろう」と。

この「新たな角度の測り方」こそが弧度法 (radian) です。すなわち、180° をこれからは π と呼ぶことにし、これを基準として他の角度の測り方も決定していくのです。例えば、90° は 180° の半分なので、切り取る弧（円周）も π の半分の $\frac{\pi}{2}$ です。ですから、90° のことをこれからは $\frac{\pi}{2}$ と呼ぶのです。60° も同様に、180° の $\frac{1}{3}$、すなわち切り取る弧（円周）は $\frac{\pi}{3}$ なので、60° のことをこれからは $\frac{\pi}{3}$ と呼ぶ $\cdots$ というふうに、

あらゆる角度を「切り取る弧の長さ」で測る。

これが弧度法というアイデア

です。

[*16] 円周の公式「直径 $\times\pi$」を使い、それを半分にすれば簡単に求められます。

度数法	0°	30°	45°	60°	90°	120°	135°	150°	180°
弧度法	0	$\frac{\pi}{6}$	$\frac{\pi}{4}$	$\frac{\pi}{3}$	$\frac{\pi}{2}$	$\frac{2\pi}{3}$	$\frac{3\pi}{4}$	$\frac{5\pi}{6}$	π

図 4.21　度数法と弧度法の対応。

これからは、あらゆる角度を弧度法によって表すことにします[*17]。

実は Python も、「角度は弧度法を使って測る」という仕様に統一されています。例えばさきほど出てきた `math` モジュールの sin 、 cos 、 tan も、実は弧度法で角度を与えると正しい三角比を計算してくれるようにできているのです。

さきほどの例では、実は `radians` を使って度数法を弧度法に変換して、それを sin 、cos 、 tan に渡して計算をさせていたということなのですね。

sin(radians(30))

↑まずは度数法から弧度法に変換

以下のように、弧度法で表された角度を渡しても、正しい三角比が計算されます。

```
from math import *  #math のインポート

sin(pi/6)           #π/6 の sin を計算
```

▶ 0.49999999999999994

```
cos(pi/6)           #続けて、π/6 の cos を計算
```

▶ 0.8660254037844387

```
tan(pi/6)           #続けて、π/6 の tan を計算
```

▶ 0.5773502691896257

図 4.22　弧度法から三角比を計算。

[*17] 弧度法を使うと、様々な円に関する公式や、後に現れる三角関数に関する様々な式が非常に簡潔に表現できるなど、いろいろなメリットがあります。

4.5.6　三角比の拡張

さて、ここまでさらっと三角比というものを導入してきたわけですが、ここから先が面白いところです。今までの話では、θ が鋭角[*18] の三角比しか計算することができません。

なぜなら、当たり前です。「直角三角形」を考えている以上、θ が直角や鈍角[*19] となることはありません。だって、三角形の内角の kaki 和は π ですが[*20]、θ が直角や鈍角になった瞬間に、内角の和が π を超えてしまうので三角形の体を成さなくなってしまうからです。例えば、下図のような直角三角形はそもそも存在しません。

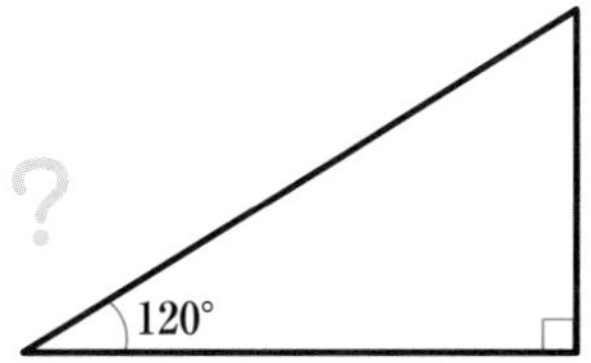

図 4.23　例えば、こんな直角三角形は存在しない。

しかし、鈍角、あるいはもっと大きな角度の三角比を計算したいシチュエーションが、数学の理論の中では極めて多く出現します。鋭角だけではない角度の三角比を計算する方法を定義しておくことによって、少し前に述べたように、様々な物理現象が明確に記述されたり、機械学習などで役立つ関数が得られたり、実に多くのご利益を享受できるのです。

あらゆる角度の三角比を計算するために、以下のような座標平面上に配置された中心が原点の単位円を考えましょう。

この単位円上の、x 軸の正の向きから動径を角度 θ だけ動かしたところにある単位円上の点 (x, y) を考えます。

上記図の点の座標、すなわち x, y を θ を使って表すことができます。以下の図を参考にします。

[*18] 鋭角：0 度よりも大きく、90 度よりも小さい角度 (すなわち、$0 < \theta < \frac{\pi}{2}$ を満たす角度 θ のこと) のことをいいます。

[*19] 鈍角：90 度よりも大きく、180 度よりも小さい角度（すなわち、$\frac{\pi}{2} < \theta < \pi$ を満たす角度 θ）のことを呼びます。

[*20] こんな感じで、角度は断りなく弧度法で数えますよ！じわじわ慣れていきましょう。

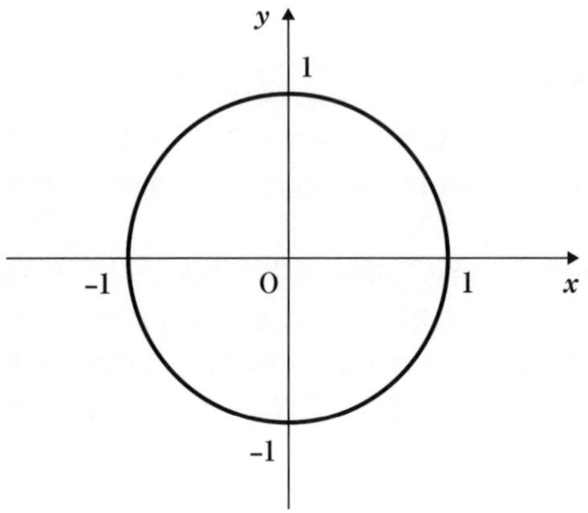

図 4.24　xy 平面上の単位円。

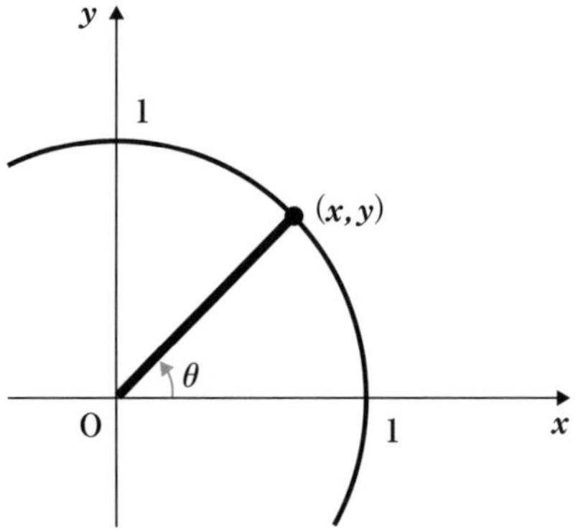

図 4.25　θ の動径によってできる単位円上の点 (x, y)。

直角三角形に着目すれば、

$$
\begin{cases}
\sin\theta &= \dfrac{y}{1} = y \\
\cos\theta &= \dfrac{x}{1} = x \\
\tan\theta &= \dfrac{y}{x}
\end{cases}
$$

となるので、結局、

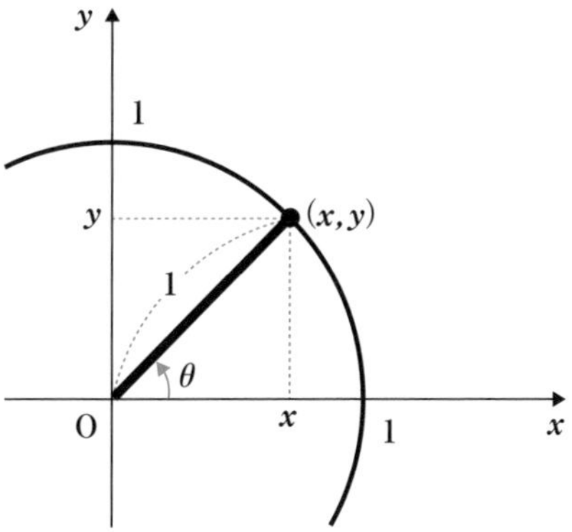

図 4.26　長さや座標を書き込んでみた。

$$(x,\ y) = (\cos\theta,\ \sin\theta)$$

であることがわかります。

この事実はすなわち、以下のように捉えることができます。

- x 軸の正の向きから動径を角度 θ だけ動かしたときにできる単位円上の点の x, y 座標を見ると、$\cos\theta$、$\sin\theta$ がそのまま現れる。
- すなわち、この「単位円上の点」の座標こそが、θ の三角比 $\cos\theta$、$\sin\theta$ なのだと考えられる！

そして、この立場に立てば、どんな θ に対しても単位円上の座標を $\cos\theta$、$\sin\theta$ だと定義することにより、三角比の値が自然に計算できます。これは、なかなかエレガントなアイデアですよね。

これにより、あらゆる角度の三角比が以下の「新たな」定義によって計算できるようになりました。この一連の流れを、**三角比の拡張**と呼びます。

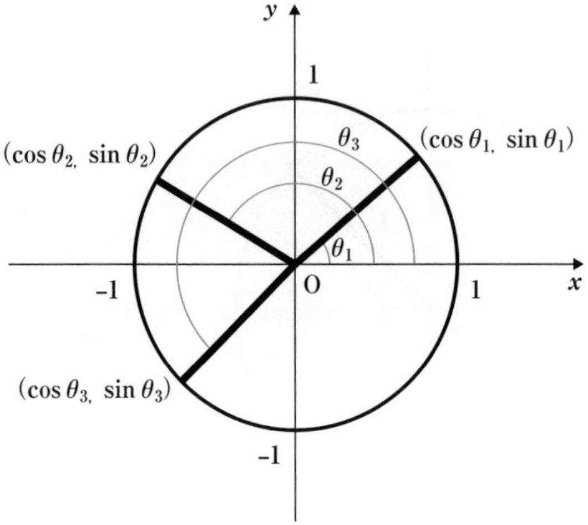

図 4.27　θ_1、θ_2、θ_3 の三角比。

（あらゆる）θ の三角比

xy 平面上に中心が原点の単位円を配置し、 x 軸の正方向から動径を角度 θ だけ動かしてできる単位円上の点の座標を (x, y) としたとき、以下のように定義し、総称して θ の **三角比**と呼ぶ。

$$\cos\theta = x$$

$$\sin\theta = y$$

$$\tan\theta = \frac{y}{x}$$

代表的な三角比の値は Web や数学の教科書などに記載されているので是非見てみてください。ご覧いただければ、代表的な三角比の値を知ることができます。また、代表的な角度ではないあらゆる θ の三角比は、Python を使えば今までと同じ方法で正しく計算をおこなうことができます。

```
from math import *#math モジュールのインポート
sin(2*pi/3)          #2 π/3 の sin を計算
```

▶ 0.8660254037844387

```
cos(2*pi/3)          #続けて、2 π/3 の cos を計算
```

▶ -0.4999999999999998

```
tan(2*pi/3)          #続けて、2 π/3 の tan を計算
```

▶ -1.7320508075688783

図 4.28 鈍角 $\frac{2\pi}{3}$ の三角比を Python で計算

4.5.7 三角比の相互関係

三角比には以下のような 3 つの重要な相互関係が成立します。

三角比の相互関係

以下の 3 つの性質が成り立つ。

$$\cos^2\theta + \sin^2\theta = 1$$

$$\tan\theta = \frac{\sin\theta}{\cos\theta}$$

$$1 + \tan^2\theta = \frac{1}{\cos^2\theta}$$

この相互関係は三角比の本質を司る極めて重要な性質なのですが、この 3 つのうち、実は最初の 2 つの

$$\cos^2\theta + \sin^2\theta = 1$$

$$\tan\theta = \frac{\sin\theta}{\cos\theta}$$

は当たり前に成り立ちます。と、いうのも、1 つ目の式は、以下の図中の直角三角形に三平方の定理[*21]を適用すると、

$$\cos^2\theta + \sin^2\theta = 1^2 = 1$$

というふうに一瞬でわかりますよね。

で、2 本目の式も、$\tan\theta$ の定義により明らかです。

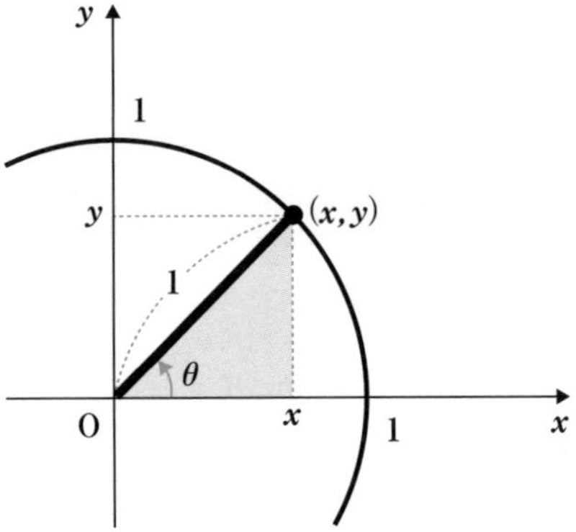

図 4.29　この直角三角形に三平方の定理を当てはめる。

3 本目の式は、1 本目の式と 2 本目の式を合わせると導けます。実際にやってみると、

*21 底辺 a、高さ b、斜辺 c の直角三角形について、$a^2 + b^2 = c^2$ が成り立つというのが、**三平方の定理**でした。中学校 3 年生で出てくるやつですね。

$$
\begin{aligned}
1 + \tan^2\theta &= 1 \ + \left(\frac{\sin\theta}{\cos\theta}\right)^2 \\
&= 1 \ + \frac{\sin^2\theta}{\cos^{\theta}} \\
&= \frac{\cos^2\theta}{\cos^2\theta} + \frac{\sin^2\theta}{\cos^2\theta} \\
&= \frac{\cos^2\theta \ + \ \sin^2\theta}{\cos^2\theta} \\
&= \frac{1}{\cos^2\theta} \qquad \square
\end{aligned}
$$

実はこの「相互関係」、SymPy にはすべて組み込まれています。よって、例えば三角比によってできた様々な式を、この相互関係を自動的に適用することで、SymPy はきれいな形に変形をしてくれるのです[*22]。

三角比の相互関係（など）を用いて式を自動的に簡略化するときは、`trigsimp` を使います。

```
from sympy import *   #sympy のインポート
a = symbols("a")      #symbols 文で未知変数の宣言

                      #trigsimp で式を簡略化
trigsimp((cos(a))**2 + (sin(a))**2)
```

▶ 1

```
                      #続けて、trigsimp で式を簡略化
trigsimp(1 + (tan(a))**2)
```

▶ $\dfrac{1}{\cos^2(a)}$

*22 相互関係を適用して式を変形することは基本的に代数的計算となるので、これまでのように math モジュールだけを使って計算をおこなおうとしてもうまくできません。SymPy は代数的計算に特化しているので、そこんとこうまくやってくれるわけです。

```
#続けて、trigsimp で式を簡略化
trigsimp(1 + 1/(tan(a))**2)
```

▶ $\dfrac{1}{\sin^2(a)}$

図 4.30　三角比の相互関係を使って式を変形。

4.5.8　加法定理

三角比には、次の重要な**加法定理**が成り立ちます。この加法定理は三角比の性質のうち極めて重要なものではあるのですが、証明はここでは割愛します。三角比の加法定理を以下に示しましょう。

三角比の加法定理（addition theorem）

以下の 3 つの性質が成り立つ（ **複号同順**）。

$$\sin(\alpha \pm \beta) = \sin\alpha\cos\beta \pm \cos\alpha\sin\beta$$

$$\cos(\alpha \pm \beta) = \cos\alpha\cos\beta \mp \sin\alpha\sin\beta$$

$$\tan(\alpha \pm \beta) = \frac{\tan\alpha \pm \tan\beta}{1 \mp \tan\alpha\tan\beta}$$

ちなみに「複号同順」とは、 ±, ∓ の上下がそれぞれ対応しているという意味の言葉です。例えば $a \pm b = c \mp d$ （複号同順）は $a + b = c - da - b = c + d$ の 2 つの式をまとめた式です。

例えば以下のような三角比の値を考えます。

$$\sin\frac{\pi}{12}$$

この三角比の値は、代表的な値ではないので簡単に計算することはできませんが、以

下のように変形をすると加法定理を使って計算することができます。

$$\sin\frac{\pi}{12} = \sin(\frac{\pi}{4} - \frac{\pi}{6})$$

$$= \underbrace{\sin\frac{\pi}{4}}_{\frac{1}{\sqrt{2}}}\underbrace{\cos\frac{\pi}{6}}_{\frac{\sqrt{3}}{2}} - \underbrace{\cos\frac{\pi}{4}}_{\frac{1}{\sqrt{2}}}\underbrace{\sin\frac{\pi}{6}}_{\frac{1}{2}}$$

$$= \frac{\sqrt{3}}{2\sqrt{2}} - \frac{1}{2\sqrt{2}} = \frac{\sqrt{3}-1}{2\sqrt{2}} \qquad \square$$

加法定理の使い方は実に様々で、このような使いかたの他にも、様々な三角比の性質を導き出すときに必要不可欠となります。まぁ、そのあたりの詳しい解説は数学の教科書に譲ることにして、ここでは加法定理の式変形がいとも簡単にやれてしまうことを見てみましょう。

加法定理を用いた式変形をおこなうには、`expand_trig` を使います。

```
from sympy import *        #sympy のインポート
a, b = symbols("a b")      #symbols 文で未知変数の宣言

expand_trig(sin(a + b)) #expand_trig で式を変形
```

▶ $\sin(a)\cos(b) + \sin(b)\cos(a)$

```
expand_trig(cos(a + b)) #続けて、式を変形
```

▶ $-\sin(a)\sin(b) + \cos(a)\cos(b)$

```
expand_trig(tan(a + b)) #続けて、式を変形
```

▶ $\frac{\tan(a) + \tan(b)}{-\tan(a)\tan(b) + 1}$

図 4.31　加法定理を使って三角比をバラバラに。

確かに加法定理を使って三角比がバラバラに変形できています。さらにですが、以下のように様々な三角比に関する有用な定理をサクッと全自動で導き出すこともできます。

```
from sympy import *     #sympy のインポート
a = symbols("a")        #symbols 文で未知変数の宣言

expand_trig(sin(2*a)) #expand_trig で、sin の 2 倍角の公式
```

▶ $2\sin(a)\cos(a)$

```
expand_trig(sin(3*a)) #続けて、sin の 3 倍角の公式
```

▶ $-4\sin^3(a)+3\sin(a)$

```
expand_trig(cos(2*a)) #続けて、cos の 2 倍角の公式
```

▶ $2\cos^2(a)-1$

```
expand_trig(cos(3*a)) #続けて、tan の 3 倍角の公式
```

▶ $4\cos^3(a)-3\cos(a)$

図 4.32 加法定理を適用して 2 倍角、3 倍角の公式をサクッと導出。

trigsimp と expand_trig のそれぞれの特徴として、

- trigsimp は式がなるべく小さくなるように（すなわち、使われる三角比がなるべく少なくなるように／すなわち、シンプルになるように）変形する。
- expand_trig は式がなるべく大きくなるように（すなわち、使われる三角比がなるべくバラバラになるように）変形する。

例えば、expand_trig を使うと、加法定理の「左辺→右辺」という変形を積極的にして三角比をバラバラに分解してくれます（次頁上図）。

いっぽう、trigsimp を使うと、三角比がなるべくシンプルな形になるように、加法定理の「右辺→左辺」などを使って三角比を変形してくれます。

```
from sympy import *     #sympy のインポート
a, b = symbols("a b") #symbols 文で未知変数の宣言

                        #expand_trig で分解
expand_trig(sin(a + b)*cos(a + b) + tan(2*a)*sin(2*b))
```

▶ $$(-\sin(a)\sin(b)+\cos(a)\cos(b))(\sin(a)\cos(b)+\sin(b)\cos(a))+\frac{4\sin(b)\cos(b)\tan(a)}{1-\tan^2(a)}$$

図 4.33　三角比をバラバラに分解。

```
from sympy import *     #sympy のインポート
a, b = symbols("a b") #symbols 文で未知変数の宣言

                        #trigsimp でシンプルに出力
trigsimp((sin(a)*cos(b) + cos(a)*sin(b))
        /(cos(a)*cos(b) - sin(a)*sin(b)))
```

▶ $\tan(a+b)$

図 4.34　trigsimp で三角比をなるべくシンプルな形に変形。

4.5.9　三角関数

「単位円上の座標を見る」考え方により、我々は「どんな θ に対しても三角比 sin 、cos 、 tan が計算できるように」なりました。これはすなわち、 x を入力として、その x に対する三角比の値を出力 y とする、以下のような「関数」を考えることができるということを表します。

三角関数（trigonometric function）

以下の関数を 三角関数と呼ぶ。

$$y = \sin x$$

$$y = \cos x$$

$$y = \tan x$$

x にどんな数を入れても問題なく出力 y を計算することができます。なぜなら、あらゆる角度に対する三角比は、前述した単位円上の座標を使う方法により問題なく計算できるようになっているので、そのとおりに計算をおこなえばよいからです。

三角関数を実際に定義し、SymPy で様々な値を計算してみましょう。

```
from sympy import *     #sympy のインポート
                        #symbols 文で未知変数の宣言
f, g, h, x = symbols("f g h x")
f = sin(x)              #それぞれの三角関数の式に、
g = cos(x)              #f,g,h という名前をつける
h = tan(x)

f.subs([(x, pi/3)])     #subs で x にπ/3 を代入し、計算
```

▶ $\dfrac{\sqrt{3}}{2}$

```
g.subs([(x, pi/6)])     #続けて、x にπ/6 を代入し、計算
```

▶ $\dfrac{\sqrt{3}}{2}$

```
h.subs([(x, pi)])       #続けて、x にπを代入し、計算
```

▶ 0

図 4.35　三角関数をいじってみる。

ふぅ、ようやく三角関数の導入と SymPy を使った実験が終わりました。三角比、三角関数のところについては、正直これだけを読んでもあんまり意義がピンと来ないという方も多いのではないでしょうか。まぁ、無理もないです。三角比や三角関数なんかは

特にそうですが、何もそれだけに限らず基礎数学全般が往々にしてよくこんなことを言われます。

で、それはなんの役に立つんですか？

この章の最後に、コラム的にそんなお話をしてみようと思います。

4.6 コラム「で、数学って結局なんの役に立つんですか？」

著者は様々な層の方々を対象に、長年に渡ってこれら「基礎数学」の教育をやらせて頂いています。例えば小学生、中学生、高校生、高専生、専門学校生、大学生などを対象にした学生向け数学講座や、社会人を対象にした（主に AI のビジネス利用を前提とした入門講座としての）数学再入門講座など、一時期は 2 日にいっぺんくらい長距離移動をしながら長尺講座をやってぶっ倒れそうになることもありました。なつかしや。

さてさて、そんな中でやはり非常に多い質問は、

で、それはなんの役に立つんですか？

この質問、学生と社会人、どちらから多いと思います？これ、社会人からのほうが圧倒的に多いんですよね。その理由というのは、やはり AI のビジネス活用のためにわりと急いで数学を学んでいるところがあって、そうなるとどうしても逐一「どういう役に立つのか」ということが気になってしまう、ということなのだと思います。

数学教育に携わる人間として、これに対する返答って結構難しいところだったりします。よくある返答としては、

論理的思考力が育ちます。

なんてのがありますが、うーん、どうもなんか、煙に巻いている感じがする答えな気もします。

で、著者がたどり着いたある意味で最も「誠実」な答えは、次の答えです。

そのうち役に立ちますから、

今はとにかく黙って学んでください。

うおおー！！？？いやいやいや、なんとまぁ無責任な... という感じもしてしまうのですが、まずもって、著者がこの答えをすることには 2 つほど理由があります。

- 実際に、目的意識を持って学んでさえいれば「いつか役に立つ」であろうという

こと[*23]。

- 正直、どんなトピックにでも「こんなことに使われていますよ」と、取ってつけたようなオハナシをすることはできる。しかし、あくまで「取ってつけたような話」でしかないし、それは受講者のご機嫌取りでしかないであろう。むしろ不誠実[*24]。

まぁ要するに、「なにかの役には必ず立つと思うが、それを今語ってもふわっとした話にしかならないので、基礎体力づくりだと思ってやっておいたらいい」ということなのです。

例えば、プログラミングなんかをやっていると、オブジェクト指向プログラミング（この本の前半でも触れましたね）というのが出てくるわけですが、オブジェクト指向プログラミングを司る「3 大機能」として知られている**継承**、**カプセル化**、**多態性**というものがあります（これは本書では触れませんでしたが）。これらの概念をあんまり理解もせずに使っている「自称 IT エンジニア」みたいな人は結構多いのですが、往々にしてそういう人は丸暗記で定形コードを書いているだけで根っこの仕組みをよくわかっていない感じがどうもプンプンするんです。ですが、実はさきほど述べたこれらの概念、数学的な思考をすると「至極当たり前」の機能に過ぎません。

でも、そこをわからずになんとなくプログラムを書いたりしている人ほど、決まってこう言うんですよね。

数学なんて必要ない！

全く、説得力の欠片もありませんね。AI の世界でも同じことがよく起きます。結局、基礎数学をやるってのは筋トレみたいなものなんですよ。「筋トレってなんの役に立ちますか」って言われたら、「それは人によるし今はなんとも言えないけど、将来やるスポーツの役には必ず立つよ」って答えが的確じゃないですか。で、筋トレサボってきた人ほど、「筋トレなんてやらなくてもいい！」とか言うんですけど、そんなに大した実力もなかったり。(笑)

基礎数学もそんなもんなんです。ちょっとしんどいこともあるかもしれませんが、ある日突然目の前の景色がぱーっと広がる日を信じて頑張るのですよ。

「○○ の役に立ちますよ」というふわっとした回答を避けて、あえて著者が思う「最も現実的かつ誠実な」語り方をしてみたつもりです。すいません、脱線しましたね。

[*23] これは多分本当。近頃特に IT 業界なんかにいると数学的視点がかなりあらゆることの見通しをよくすることは間違いないですし、昨今あらゆる業界で注目を集めまくっている AI なんかも、その仕組はすべて数学で書かれているわけで。一時期は「稼げない学問代表」みたいに言われていた数学も、今となっては一番お金になる時代になったのかも。

[*24] 例:「指数関数って何の役に立つんですか？」「機械学習で出てくるシグモイド関数とかソフトマックスっていう関数などで頻繁に使われますよ」「へぇ〜。」... 以上。この問答がまったくもって無意味だとは思わないが、そこまでものすごく意義深いとも著者は思わない。

とりあえず、このへんで基本的な関数の定義は一旦オシマイです。これから、これらの関数を使ってさらなる広がりを見せる数学の世界をガンガン楽しんでいきましょう。

第 5 章

方程式を解いてみよう

本章では、SymPy によってエレガントに方程式を解く方法を学んでいきます。

5.1 方程式

方程式 (equation) とは、とある未知数 x が満たす関係式のことを指します。例えば、以下の式は簡単な方程式のひとつです。

$$2x + 1 = 0$$ □

この式は、以下のように呼ぶことができます。

- とある数 x を 2 倍し、1 を加えると 0 になります。

そして、この式を満たす x を実際に求めることを、方程式を解く (solve) といいます。例えばこの方程式の場合は、頭をひねって「2 倍して 1 を足すと 0 になる数ってなんだろう…」と考えれば、$x = -\frac{1}{2}$ だなということがわかります。この、方程式を満たす x の値のことを方程式の解 (solution) と呼びます。

我々は、様々な方程式を解いて、解 x を求めることを目標にします。中学校で習うように、方程式には以下の操作をしても解 x が変わることはありません。

- **両辺に定数を加える**
  方程式は、両辺に定数を加えても解が変わることはありません。例えば、さきほどの例の方程式の両辺に 1 を加えて

  $$2x + 2 = 1$$

  と変形しても、解 x は相変わらず $x = -\dfrac{1}{2}$ のままです。

- **両辺の (0 でない) 定数倍**

  方程式は、両辺に (0 でない) 定数倍をおこなっても解が変わることはありません。たとえば、さきほどの例の方程式の両辺を 3 倍して、

  $$6x + 3 = 0$$

  と変形しても、解 x は相変わらず $x = -\frac{1}{2}$ のままです。

- **移項 (transition)**

  右辺または左辺の数の符号を反転させて逆側に移動をしても、方程式の解が変わることはありません。たとえば、$2x + 1 = 0$ という方程式において左辺の 1 の符号を反転させて右辺に持っていき、

  $$2x = -1$$

  と変形しても、解 x は相変わらず $x = -\frac{1}{2}$ のままです。

これらの操作を方程式に対して何度か適用することで、簡単な方程式であれば解くことができます。最初に挙げた方程式においては、

$$2x + 1 = 0$$

$$2x = -1 \quad (\text{左辺の 1 を右辺に移項})$$

$$x = -\frac{1}{2} \quad \left(\text{両辺を}\frac{1}{2}\text{倍}\right)$$

というふうに解がある程度システマティック[*1]な変形によって求められます。これが、中学校で習う「方程式の解き方」ですね。

[*1] システマティックとは、「機械的な」みたいな意味だと捉えてください。我々は最初は $2x + 1 = 0$ を満たす数はなんだろう... うーん... と唸って、結果として $x = -\frac{1}{2}$ という解を思いついたわけですが、これはシステマティックな方法ではありません。なぜなら、人間が頭を使って、ある種「センス」を使って解を求めているからです。それに対して、この 3 つの操作を繰り返して解を求める流れはある程度決まっていて、いわば「人間がセンスで解を思いつく」必要がなく、ある程度機械的に解が求められるのです。

5.1.1 方程式は必ず $=0$ の形に変形できる。

右辺にある数をすべて左辺に移項すると、方程式は必ず (左辺) $=0$ という形に変形することができます。例えば、

$$3x + 2 = x - 1$$

という方程式は、右辺にある数をすべて左辺に移項し、同類項をまとめることで、以下のように変形できます。

$$2x + 3 = 0 \qquad \square$$

どんな方程式でもこれができるので、方程式はもれなく以下のような形をしていると仮定してしまっても問題ありません。

$$\underbrace{f(x)}_{x\,\text{でできた式}} = 0 \qquad \square$$

左辺にも右辺にも何か式があるかもしれませんよという状況で議論をすすめるよりも、左辺にすべて移項してしまった形で議論を始めたほうが色々と楽ですので、これからは方程式といえば $f(x) = 0$ という形をしているとはじめから仮定します。

5.2 様々な方程式

皆さんだいたい想像がついていることとは思いますが、SymPy を使えば様々な方程式をさくっと自動的に解くことができます。この節ではいろいろな方程式の形を学びながら、SymPy を使って実際に方程式を解いてみましょう。

5.2.1 1 次方程式

最初に見た $2x + 1 = 0$ のように、左辺が 1 次式*2 によってできている以下のような形の方程式を 1 次方程式 (linear equation) と呼びます。

$$\underbrace{f(x)}_{x\,\text{の}\,1\,\text{次式}} = 0$$

*2 覚えてますか？

□

左辺が 1 次式ということなので、以下のように書いても同じですね[*3]。

$$ax + b = 0 \ \ (a \neq 0)$$ □

実際に 1 次方程式 $2x + 1 = 0$ を SymPy で解いてみましょう。方程式を SymPy で解くには、以下のような手順を踏みます。

- 方程式の右辺をすべて左辺に移項し、 $f(x) = 0$ という形にする。
- solve を使う（solve(f(x), x) を実行）。

```
from sympy import * #sympy のインポート
x = symbols("x")    #symbols 文で未知変数の宣言

solve(2*x + 1, x)   #solve で、2x+1=0 を解く（x の値を求める）
```

```
▶ [-1/2]
```

図 5.1　1 次方程式 $2x + 1 = 0$ を解く。

solve を使って、 $x = -\frac{1}{2}$ がちゃんと得られましたね。

5.2.2　2 次方程式

左辺が 2 次式でできている方程式を 2 次方程式（quadratic equation）と呼びます。すなわち、

$$ax^2 + bx + c = 0 \ \ (a \neq 0)$$

という形の方程式のことです。

2 次方程式にもなると、「えーと、この方程式を満たす x は、… 」と考えたり、「移項」「両辺に定数を加える」「両辺の（ 0 でない）定数倍」を使って解を求めることは難しくなります。例えば、

$$2x^2 + 3x + 1 = 0$$

という 2 次方程式は、

[*3] $a = 0$ だと左辺が 1 次式ではなく定数になってしまうので、1 次方程式であるためには $a \neq 0$ という条件が必要です。

$$x = -1$$

$$x = -\frac{1}{2}$$

という 2 つの解を持ちます[*4]

が、この解をそう簡単に求めることはできません。

手計算で解を求めるには、以下の **2 次方程式の解の公式**を使います。

$$x = \frac{-b \pm \sqrt{b^2 - 4ac}}{2a}$$ □

この解の公式に係数 a, b, c を代入すれば、2 次方程式の解を求めることができます。

例えば、

$$x = \frac{-3 \pm \sqrt{3^2 - 4 \times 2 \times 1}}{2 \times 2}$$

$$= \frac{-3 \pm \sqrt{1}}{4}$$

$$= \frac{-3 \pm 1}{4}$$

$$= -\frac{1}{2}, \quad -1$$ □

が、SymPy を使うと、さきほどのように変わらず **solve** を使って方程式を解くことができます。

*4 左辺が n 次式からできている方程式を n 次方程式と呼びますが、n 次方程式は「最大で n 個の解を持つ」ことが知られています（**代数学の基本定理** / 本当はもっと内容を正確に述べる必要がありますが、ここではこのくらいで済ませておきます）。ですので、2 次方程式は「最大で 2 つの解を持つ」ことになり、この場合は「2 つの解」を持っています。「2 つの解

$x = -1, -\frac{1}{2}$ を持つ」ということは、

$x = -1$ も、

$x = -\frac{1}{2}$ も、どちらも方程式を満たすという意味です。

```
from sympy import *   #sympy のインポート
x = symbols("x")      #symbols 文で未知変数の宣言
                      #solve で、2x*x+3x1+1=0 を解く（x の値を求める）
solve(2*x**2 + 3*x + 1, x)
```

▶ [-1, -1/2]

図 5.2　2 次方程式 $2x^2 + 3x + 1 = 0$ を解く。

確かに解が求められましたね。さらに、SymPy では文字を含む状態で方程式を解くこともできるので、係数が a, b, c のまま 2 次方程式を solve で解くと、以下のように解の公式が得られます[*5] 。

```
from sympy import *   #sympy のインポート
    #symbols 文で未知変数の宣言
a = symbols("a", nozero = True)
    #symbols 文で未知変数の宣言（追加）
b, c, x = symbols("b c x")

    #solve で a*x*x+b*x+c を解く（x を求める）
solve(a*x**2 + b*x + c, x)
```

▶ [(-b + sqrt(-4*a*c + b**2))/(2*a), -(b + sqrt(-4*a*c + b**2))/(2*a)]

図 5.3　2 次方程式 $ax^2 + bx + c = 0$ $(a \neq 0)$ を解く。

お気づきかと思いますが、こんなふうに 2 つの解はリストの形で返されます。1 つ目の解と 2 つ目の解が、リストの第 1 要素、第 2 要素に入っているということですね。

5.2.3　2 次方程式と判別式

さて、ところで 2 次方程式の話がもう少し続きます。例えば以下のような 2 次方程式を考えましょう。

[*5] ただし、$a \neq 0$ である必要があるので、その場合は係数 a を symbols で宣言するときに、nozero = True というオプションを与えます。

$$x^2 + x + 1 = 0$$ □

この式、ちょっとわざと手計算で解の公式を使って解いてみます。

$$x = \frac{-1 \pm \sqrt{1^2 - 4 \times 1 \times 1}}{2 \times 1}$$

$$= \frac{-1 \pm \sqrt{-3}}{2}$$ □

あれあれ？ということが起きたの、お気づきですか。

注目すべきは $\sqrt{-3}$ という数です。$\sqrt{-3}$ というのは、平方根の定義より、「2 乗すると -3 になる数」のことを指します。で、日常生活で現れる数は以下の 3 種類の数のどれかしかありません。

- 正の数
- 0
- 負の数

この 3 種類の数、2 乗してみると、

- 正の数 → 2 乗しても**正の数**。
- 0 → 2 乗しても **0**。
- 負の数 → 2 乗すると（マイナス × マイナスで）**正の数**。

つまり、$\sqrt{-3}$ のような「2 乗して負の数になる数」というのは、我々が知っている数の中には存在しないのです。

ということは、2 次方程式 $x^2 + x + 1 = 0$ を満たす数（解）

$$x = \frac{-1 \pm \sqrt{-3}}{2}$$

もやはり、我々が知っている数の中には存在しないということになります。

このとき、この 2 次方程式は「解を持たない」とすれば話が済みそうなのですが、

2 乗して負になる数が現れたら解なし

と結論づけてしまうと、もっと複雑な方程式（3 次以上の方程式など）を解く際に、かなり大きな不都合が生じてしまうことが知られています。そこで、我々は以下のような**虚数単位**という数を定義し、それを使ってこの「我々の知らない数が含まれる解」を表すことにするのです。

虚数単位（imaginary unit）

以下のような性質を満たす数 i を、虚数単位と呼ぶ。と呼ぶ。

$$i^2 = -1$$

すなわち、

$$i = \sqrt{-1}$$

□

このような数を導入すると、さきほどの $\sqrt{-3}$ は、以下のように i を使って表すことができます。

$$\sqrt{-3} = \sqrt{-1}\sqrt{3} = \sqrt{3}i$$ □

つまり、さきほどの 2 次方程式

$$x^2 + x + 1 = 0$$ □

の解は、

$$x = \frac{-1 \pm \sqrt{-3}}{2} = \frac{-1 \pm \sqrt{3}i}{2}$$

と表せるわけです。

2 次方程式を解くと、このような「虚数単位 i を含む解」が現れることがあります。このような状況が生じるのがどういうときかというと、解の公式の $\sqrt{b^2 - 4ac}$ の中身 $b^2 - 4ac$ が負の数となったときといえるので、結局、

$$D = b^2 - 4ac < 0$$

となったときに、2 次方程式は虚数単位 i を含む解を持つことがわかります。この $D = b^2 - 4ac$ のことを、2 次方程式の判別式（discriminant）と呼びます。

実際に SymPy で 2 次方程式 $x^2 + x + 1 = 0$ を解いてみましょう。

```
from sympy import *       #sympy のインポート
x = symbols("x")          #symbols 文で未知変数の宣言

solve(x**2 + x + 1, x) #solve で x*x+x+1 を解く（x を求める）
```

```
▶ [-1/2 - sqrt(3)*I/2, -1/2 + sqrt(3)*I/2]
```

図 5.4　2 次方程式 $x^2 + x + 1 = 0$ を解く。

このように、SymPy では虚数単位 i を I と表します。実際に以下のように、I はたしかに虚数単位 i であることがわかります。

```
from sympy import * #sympy のインポート

I**2                #I が虚数かどうかを確かめる
```

▶ −1

図 5.5　SymPy での虚数単位の扱い方。

2 次方程式の判別式

2 次方程式 $ax^2+bx+c=0$ の解の種類は、**判別式** (discriminant) $D=b^2-4ac$ の値によって以下のように分けられる。

- $D \geqq 0 \Rightarrow$ 実数解のみを持つ。
- $D < 0 \Rightarrow$ 虚数単位を含む解（虚数解）を持つ。

5.2.4　3 次方程式や 4 次方程式

2 次方程式には、以下の **解の公式**[*6]

$$x = \frac{-b \pm \sqrt{b^2 - 4ac}}{2a}$$

がありました。この解の公式を使えば、係数の値の四則演算と根号計算を何度か繰り返すことで、どんな 2 次方程式の解も表すことができます。

さて、これが「3 次以上の方程式」、すなわち

$$\underbrace{f(x)}_{\text{3 次以上の多項式}} = 0$$

という形の方程式に、**解の公式が存在するのか？**ということが気になってきます。

---

*6 「解の公式」という言葉を厳密に説明するとなれば、係数の「四則演算」と「根号」の繰り返しで解の形を具体的に表したものという意味です。ちなみに、触れていませんでしたが 1 次方程式 $ax+b=0$ $(a \neq 0)$ の解の公式は、$x=-\frac{b}{a}$ のことをいいます（要するに、普通に移項して割り算して解いた結果ですね）。

結論から言うと、

- 3 次、4 次までの方程式には、解の公式が存在する。
- 5 次以上の方程式には、解の公式が存在しない。

ということが知られています[*7]。以下の 3 次方程式

$$ax^3 + bx^2 + cx + d = 0$$

の解の公式は以下のカルダノの公式が証明されています。

$$x_1 = \frac{\sqrt[3]{\sqrt{(-27a^2d + 9abc - 2b^3)^2 + 4(3ac - b^2)^3} - 27a^2d + 9abc - 2b^3}}{3\sqrt[3]{2}a} - \frac{\sqrt[3]{2}(3ac - b^2)}{3a\sqrt[3]{\sqrt{(-27a^2d + 9abc - 2b^3)^2 + 4(3ac - b^2)^3} - 27a^2d + 9abc - 2b^3}} - \frac{b}{3a}$$

$$x_2 = -\frac{1}{6\sqrt[3]{2}a}(1 - \sqrt{3}i)\sqrt[3]{\sqrt{(-27a^2d + 9abc - 2b^3)^2 + 4(3ac - b^2)^3} - 27a^2d + 9abc - 2b^3} + \frac{(1 + \sqrt{3}i)(3ac - b^2)}{3 \times 2^{\frac{2}{3}} a\sqrt[3]{\sqrt{(-27a^2d + 9abc - 2b^3)^2 + 4(3ac - b^2)^3} - 27a^2d + 9abc - 2b^3}} - \frac{b}{3a}$$

$$x_3 = -\frac{1}{6\sqrt[3]{2}a}(1 + \sqrt{3}i)\sqrt[3]{\sqrt{(-27a^2d + 9abc - 2b^3)^2 + 4(3ac - b^2)^3} - 27a^2d + 9abc - 2b^3} + \frac{(1 - \sqrt{3}i)(3ac - b^2)}{3 \times 2^{\frac{2}{3}} a\sqrt[3]{\sqrt{(-27a^2d + 9abc - 2b^3)^2 + 4(3ac - b^2)^3} - 27a^2d + 9abc - 2b^3}} - \frac{b}{3a}$$

なんとも、とんでもない公式ですね（ちなみに著者は当然この公式を覚えてなんていませんし、今までに使ったことも試しに 1 回使ってみた程度です）。4 次方程式にも解の公式が存在していて、実際の形が導かれていますが、3 次方程式ですらこれなので、4 次方程式ともなるともはや何がなんだかわからない公式になります（ので、本書には載せませんので、興味のある方はググってみてください）。

一応は解の公式を紹介しましたが、SymPy を使えば、解の公式なんぞ使わずとも 3

[*7] これは非常に興味深い結果です。この事実の証明には、ガロア理論 (Galois theory) という非常に高度な数学が用いられたことがよく知られていますが、本書ではさすがにそこまでは踏み込みません。

次、4 次の方程式の解もさくっと求めてしまうことが可能です。

```
from sympy import *   #sympy のインポート
x = symbols("x")      #symbols 文で未知変数の宣言

                      #sollve で 3 次方程式を解く（x を求める）
solve(x**3 - 2*x**2 - x + 2, x)
```

▶ [-1, 1, 2]

```
                      #続けて、4 次方程式を解く（x を求める）
solve(x**4 + x**3 - 7*x**2 - x + 6, x)
```

▶ [-3, -1, 1, 2]

図 5.6　3 次方程式、4 次方程式を解く。

5 次以上の方程式には、解の公式が存在しません。すなわち、次の主張

> どんな 5 次（もしくはそれ以上の）方程式の解も、係数の四則演算、根号計算を有限回繰り返すことで得ることができる。

は成り立たないということです[*8]。5 次以上の方程式を手で解くのは、解の公式はないので使えませんし、よほど簡単な形でない限り難しいでしょう。

SymPy では何も気にせずにさくっと解けます。

```
from sympy import *   #sympy のインポート
x = symbols("x")      #symbols 文で未知変数の宣言

                      #5 次方程式を解く（x を求める）
solve(x**5 + 3*x**4 - 5*x**3 - 15*x**2 + 4*x + 12, x)
```

▶ [-3, -2, -1, 1, 2]

図 5.7　5 次方程式を解く。

[*8] 解の公式が存在しない:「解が存在しない」とか「解けない」ということではないことに注意です。あくまで「係数の四則演算と根号の繰り返しで解を表す」ことができないだけで、5 次方程式を解く方法は解の公式以外に存在しますし、解もちゃんと存在します（虚数解を含むかもしれませんが）。

5.2.5　代数的に解けない方程式

さて、ここで 5 次方程式 $5x^5 + 7x^4 + 10x^3 + 7x^2 + 5 = 0$ を SymPy で解いてみましょう。

以下のように `CRootOf(...)` という形ですべての解が出力されました。これは一体どういう意味なのでしょうか。

```
from sympy import * #sympy のインポート
x = symbols("x")    #symbols 文で未知変数の宣言

                    #solve で 5 次方程式を解く
solve(5*x**5 + 7*x**4 + 10*x**3 + 7*x**2 + 5, x)
```

```
[CRootOf(5*x**5 + 7*x**4 + 10*x**3 + 7*x**2 + 5, 0),
 CRootOf(5*x**5 + 7*x**4 + 10*x**3 + 7*x**2 + 5, 1),
 CRootOf(5*x**5 + 7*x**4 + 10*x**3 + 7*x**2 + 5, 2),
 CRootOf(5*x**5 + 7*x**4 + 10*x**3 + 7*x**2 + 5, 3),
 CRootOf(5*x**5 + 7*x**4 + 10*x**3 + 7*x**2 + 5, 4)]
```

図 5.8　CRootOf(...) という解が出てくる。

この `CRootOf` による解は、以下のような意味です。

- `CRootOf(5*x**5+7*x**4+10*x**3+7*x**2+5,0)`
  $\Rightarrow 5x^5 + 7x^4 + 10x^3 + 7x^2 + 5 = 0$ の 0 番目の解。

- `CRootOf(5*x**5+7*x**4+10*x**3+7*x**2+5, 1)`
  $\Rightarrow 5x^5 + 7x^4 + 10x^3 + 7x^2 + 5 = 0$ の 1 番目の解。

- `CRootOf(5*x**5 +7*x**4+10*x**3+7*x**2+5, 2)`
  $\Rightarrow 5x^5 + 7x^4 + 10x^3 + 7x^2 + 5 = 0$ の 2 番目の解。

- `CRootOf(5*x**5+7*x**4+10*x**3+7*x**2+5, 3)`
  $\Rightarrow 5x^5 + 7x^4 + 10x^3 + 7x^2 + 5 = 0$ の 3 番目の解。

- `CRootOf(5*x**5+7*x**4+10*x**3+7*x**2+5, 4)`
  ⇒ $5x^5 + 7x^4 + 10x^3 + 7x^2 + 5 = 0$ の 4 番目の解。

つまり、$5x^5 + 7x^4 + 10x^3 + 7x^2 + 5 = 0$ の解はなんですか？と SymPy にきいたら、

「それは、$5x^5 + 7x^4 + 10x^3 + 7x^2 + 5 = 0$ の 0 番目の解ですよ」

「それは、$5x^5 + 7x^4 + 10x^3 + 7x^2 + 5 = 0$ の 1 番目の解ですよ」... というふうに答えを返されたということです。

はて、これは解いてくれていないのか？と思ってしまいます。例えばテストで「$1+1$ は？」と聞かれて、「それは $1+1$ の答えです。」と答えているようなもので、それでは解いたことにはなりませんね。

このような答えが出てくるのは、SymPy による方程式の求解が代数的な計算を前提としていることに起因します。この意味を理解するために、例としてここでは以下のような 2 次方程式を考えます。

$$x^2 + x + 1 = 0$$

この方程式は、以下のような 2 つの解を持ちます。

$$x = \frac{-1 + \sqrt{3}i}{2}, \quad \frac{-1 + \sqrt{3}i}{2}$$

この 2 つの解は、数値的に計算して以下のように書くことができます。

$$x = -0.5 - 0.866025403784439i, -0.5 + 0.866025403784439i$$

この 2 つの解では、前者のほうが厳密な解です。なぜなら、後者の解は、

$$\frac{\sqrt{3}}{2}, \quad -\frac{\sqrt{3}}{2}$$

の部分の値を近似的に小数計算しているので、厳密な値とは異なるというのが理由です。

いっぽうで、求めるのが難しいのは前者の解です。前者の解は解の公式を用いて[*9]解くくらいしか求める方法がないのに対し、後者のような解は様々な求める方法が知られています。方程式を解く機能を備えるモジュールは様々なものが知られていますが、ほとんどのものは後者のような「近似的に数値計算された解」を求めることを前提として設計されています。

前者のように、根号や分数を使って「厳密な形で」求められた解を代数的な解と呼び

*9 代数的な解を求める方法は様々ありますが、元をたどれば結局のところ解の公式を用いているのと同じです。

ます。いっぽう、後者のように「近似的に数値計算」された解を数値的な解と呼びます。

SymPy は、方程式を解く際も代数的な解を求める[*10]ことを前提に設計されています。そして、5 次以上の方程式には前述したとおり解の公式が存在しません（すなわち、代数的に解けないものが存在します）。

SymPy は代数的に解けない方程式は解きません。さきほどの 5 次方程式は、代数的に解けないことから、SymPy は「代数的にこの方程式は解けませんよ」、と宣言してきていたというわけなのです。

しかし、代数的には解けずとも、数値的な近似解を求めることは可能です。数値的な解を求める場合は、solve の結果はリストで返ってきていますのでその要素を参照し、「代数的な解はよいから数値的な解を教えてください」というふうに N を使って数値解として評価してもらえば数値的な解が求められます。

```
from sympy import * #sympy のインポート
x = symbols("x")      #symbols 文で未知変数の宣言

                      #N を使って、数値的な解を求める
print(N(solve(5*x**5 + 7*x**4 + 10*x**3 + 7*x**2 + 5, x)[0]))
print(N(solve(5*x**5 + 7*x**4 + 10*x**3 + 7*x**2 + 5, x)[1]))
print(N(solve(5*x**5 + 7*x**4 + 10*x**3 + 7*x**2 + 5, x)[2]))
print(N(solve(5*x**5 + 7*x**4 + 10*x**3 + 7*x**2 + 5, x)[3]))
print(N(solve(5*x**5 + 7*x**4 + 10*x**3 + 7*x**2 + 5, x)[4]))
```

```
-1.19573297823374
-0.405970175766425 - 1.27053174047254*I
-0.405970175766425 + 1.27053174047254*I
0.303836664883297 - 0.614626941004797*I
0.303836664883297 + 0.614626941004797*I
```

図 5.9 数値的な解を求める。

また、以下のように for ループを用いても同じですね。

[*10] このような「代数的な解」を求めることを、方程式を**代数的に解く**といいます。

```
from sympy import * #sympy のインポート
x = symbols("x")     #symbols 文で未知変数の宣言

                     #for ループを使う
for sol in solve(5*x**5 + 7*x**4 + 10*x**3 + 7*x**2 + 5, x):
  print(N(sol))
```

```
  -1.19573297823374
  -0.405970175766425 - 1.27053174047254*I
► -0.405970175766425 + 1.27053174047254*I
  0.303836664883297 - 0.614626941004797*I
  0.303836664883297 + 0.614626941004797*I
```

図 5.10　for ループを用いて同じことをする。

4 次以下の方程式では、このように `CRootOf` を含む解が出力されることはありません。なぜなら、4 次以下の方程式には解の公式が存在するので、必ず代数的な解が求められるからです。

5.2.6　指数方程式

指数関数を含む方程式を 指数方程式（exponential equation）と呼びます。例えば、以下のような方程式です。

$$2^x = \frac{1}{\sqrt{2}}$$ □

これを満たす x は $x = -\frac{1}{2}$ ですね。

指数方程式も、SymPy で解くことができます。例えばさきほどの方程式は以下のように解くことができます。

```
from sympy import *              #sympy のインポート
x = symbols("x")                 #symbols 文で未知変数の宣言

solve(2**x - (1/sqrt(2)), x) #solve で指数方程式を解く
```

```
► [-1/2]
```

図 5.11　簡単な指数方程式を解く。

複雑な指数方程式も解いてみましょう。例えば、

$$e^{-x^2} + 2^x + \pi = 0$$

のような訳のわからない指数方程式[*11] を考えます。これを SymPy で解いてもらうと...

```
from sympy import *  #sympy のインポート
x = symbols("x")     #symbols 文で未知変数の宣言

                     #複雑な指数方程式を解こうとすると
solve(E**(-x**2) + 2**x + pi, x)
```

```
---------------------------------------------------------------------------
NotImplementedError                       Traceback (most recent call last)
<ipython-input-1-1c24ec71fc5f> in <module>()
      2 x = symbols("x") #symbols文で未知変数の宣言
      3
----> 4 solve(E**(-x**2) + 2**x + pi, x) #複雑な指数方程式を解こうとすると

                          1 frames
/usr/local/lib/python3.7/dist-packages/sympy/solvers/solvers.py in _solve(f, *symbols, **flags)
   1714
   1715     if result is False:
-> 1716         raise NotImplementedError('¥n'.join([msg, not_impl_msg % f]))
   1717
   1718     if flags.get('simplify', True):

NotImplementedError: multiple generators [2**x, exp(x**2)]
No algorithms are implemented to solve equation 2**x + pi + exp(-x**2)

SEARCH STACK OVERFLOW
```

図 5.12　複雑な指数方程式を解こうとすると...

めちゃくちゃ怒られました。エラーメッセージを読んでみると、以下のように書かれています。

```
NotImplementedError:
multiple generators [2**x, exp(x**2)]
No algorithms are implemented to solve
equation 2**x + pi + exp(-x**2)
```

[*11] 手計算で解くことは多分できないです。

なんとなく読んでみると、

その方程式を解くアルゴリズムは実装されていません

と言っています。つまり SymPy が、

そんな訳のわからん方程式、解く方法知りませんがな

と言っているわけです。これを見るとわかるように、実は世の中、「コンピュータをもってしても解けない」ような方程式って結構ウヨウヨしています。

5.2.7 対数方程式

対数を含む方程式を 対数方程式（logarithmic equation）と呼びます。例えば、

$$\log x = 2$$

の解は $x = e^2$ です（実際に代入すればわかるはずです）。

これも、SymPy を使うと解くことができます。

```
from sympy import *  #sympy のインポート
x = symbols("x")       #symbols 文で未知変数の宣言

solve(log(x) - 2, x) #solve で対数方程式を解く
```

▶ [exp(2)]

図 5.13　簡単な対数方程式を解く。

対数方程式でも、指数方程式の場合と同じように「何でもかんでも解けるというわけではない」ことに注意しましょう。

5.2.8　三角方程式

三角関数を含む方程式を 三角方程式（trigonometric function）と呼びます。例えば、

$$\sin 2x = \frac{1}{2}$$

の解は $x = \dfrac{\pi}{12}, \quad \dfrac{5\pi}{12}$ です（代入すればわかります）[*12]。これも SymPy で解いてみましょう。

```
from sympy import *             #sympy のインポート
x = symbols("x")                #symbols 文で未知変数の宣言

solve(sin(2*x) - 1/2 , x) #solve で三角方程式を解く
```

```
▶ [0.261799387799149, 1.30899693899575]
```

図 5.14　簡単な三角方程式を解く。

値が小数で出力されていますが、この 2 つの値は

$$x = \frac{\pi}{12}, \quad \frac{5\pi}{12}$$

を計算した結果と確かに一致します。

[*12] 角度 θ と、角度 $\theta + 2\pi$ の三角比は同じです。なぜなら、2π はちょうど一周なので、θ からちょうどぐるっと単位円を一周して戻ってきたところが $\theta + 2\pi$ だからです。同様に、$\theta + 4\pi$, $\theta + 6\pi, \ldots, \theta + 2n\pi$ (n は整数) もやはり θ と結局は同じ角度を表しますので、三角比の値は同じです。このような、角度を「2π の整数倍分」まで考慮して表すことを、 一般角表示と呼びます。

　一般角を考えれば、三角方程式も一般に無数の解を持つことがわかるのですが、SymPy により出力される解は、簡単なもの（具体的にいえば、$0 \leq \theta < 2\pi$ の中の解だけ）に限って出力されることに留意しておきましょう。

5.2.9　連立方程式

複数の方程式から成る方程式の集まりのことを、連立方程式（simultaneous equations）と呼びます。例えば、

$$\begin{cases} 2x + 3y & = 7 \\ x + 2y & = 4 \end{cases}$$

は連立方程式の一例です。そして、連立方程式を構成する式を同時にすべて満たす x, y の値を連立方程式の解と呼びます。この例の連立方程式の解は

$$x = 2, \quad y = 1$$

という一組の解だけです（代入すればわかります）。連立方程式も、`solve` を使って同様に解くことができます。

```
from sympy import *     #sympy のインポート
x, y = symbols("x y") #symbols 文で未知変数の宣言

                        #solve で連立方程式を解く
                        #1 つ目の式 , 2 つ目の式
solve([2*x + 3*y - 7, x + 2*y - 4], [x, y])
```

```
► {x: 2, y: 1}
```

図 5.15　簡単な連立方程式を解く。

このような、1 次式だけでできた連立方程式を線形連立方程式（simultaneous equations）と呼びます。線形連立方程式は解にいくつかのパターンがありますが、そのどのパターンに関しても、必ず求解をおこなうことができます。

例えば次に、以下の連立方程式を考えます。

$$\begin{cases} 2x + 3y & = 7 \\ 4x + 6y & = 14 \end{cases}$$

この連立方程式は、実は式が 2 本に見えて 1 本しかありません。なぜなら、1 本目の式の両辺を 2 倍すれば、2 本目の式と一致します。すなわち、結局この連立方程式を解くということは、

$$2x + 3y = 7$$

という式を満たす x, y の組を見つけよということになります。そして、実はこのような x, y の組はいくつもあります。例えば、 $x = 2, y = 1$ はこの方程式を満たします。

$$2 \times 2 + 3 \times 1 = 7 \qquad \square$$

さらに、 $x = \frac{1}{2}, y = 2$ もこの方程式を満たします。

$$2 \times \frac{1}{2} + 3 \times 2 = 7 \qquad \square$$

以下のように式を変形してみます。

$$2x = 7 - 3y$$

$$x = \frac{7}{2} - \frac{3}{2}y$$

この式の y にどんな値を代入しても、その y に対応する x が得られることがわかります。すなわち、この方程式を満たす解は無数に存在するというわけです。

SymPy でこれを解いても、このような結果が得られます。

```
from sympy import *    #sympy のインポート
x, y = symbols("x y") #symbols 文で未知変数の宣言

      #solve で、解が無数に存在する連立方程式を解く
solve([2*x + 3*y - 7, 4*x + 6*y -14], [x, y])
```

```
▶ {x: 7/2 - 3*y/2}
```

図 5.16　解が無数に存在する連立方程式。

確かに、 $x = -\frac{3}{2}y + \frac{7}{2}$ という x と y の関係性のみが出力されました。あとは、 y に好きな値をどうぞ代入してください。それに対応する x がこの式で計算できますよ。その結果得られた x, y の組はどれも解になりますよ。と、SymPy が教えてくれているわけです。**解が無数に存在する**タイプの連立方程式にも、SymPy は対応できることがわかりました。

さらに、次のような連立方程式も考えてみましょう。

$$\begin{cases} 2x + 3y & = 7 \\ 2x + 3y & = 8 \end{cases}$$

この2つの式を見比べてウンウン唸ってみると、この連立方程式には解がないことがわかります。なぜなら、仮に解 x, y が存在したとすれば、1本目の式も2本目の式も満たすはずです。で、1本目の式を考えると、$2x + 3y = 7$ となるはずですが、2本目の式を考えると $2x + 3y = 8$ にもなるということです。左辺は同じなのに右辺が違うなんて、そんなことはありえませんね。

これも SymPy で解いてみると、以下のような結果が得られます。

```
from sympy import *     #sympy のインポート
x, y = symbols("x y") #symbols 文で未知変数の宣言

                        #solve で解が存在しない連立方程式を解く
solve([2*x + 3*y - 7 , 2*x + 3*y - 8], [x, y] )
```

▶ []

⇧結果は、空っぽ

図 5.17　解が存在しない連立方程式。

空っぽのリストが返ってきたということは、解が存在しないということです。

このように、線形の連立方程式であれば、解のパターンが以下のどれであっても、SymPy によってそれがわかるということが確かめられました。

- 解がただひとつに定まる。
- 解が無数に存在する。
- 解が存在しない。

5.2.10　非線形の連立方程式

線形の連立方程式については、「解の様子が必ず判明する」ことがわかりました。これは変数がいくつに増えても同様です[*13]。

[*13] なぜなら、線形の連立方程式の解き方はすでにアルゴリズムとしてよく知られており、それを適用すれば機械的に解が求められてしまうからです。線形連立方程式を解くためのアルゴリズムとして最も有名なものとして、掃き出し法 (ガウスの消去法) がよく知られています。

一方で、線形でない（非線形／すなわち、1 次式ではない式でできている）連立方程式については、確立した解き方がなく、限られた形のものしか解くことはできません。例えば、以下のような連立方程式は非線形な連立方程式です。

$$\begin{cases} x^2 + 2xy + y^2 & = 4 \\ x^3 + y^3 & = -2 \end{cases}$$

これは比較的単純な形の非線形な連立方程式なので、SymPy でも解くことができます。

```
from sympy import *      #sympy のインポート
x, y = symbols("x y")    #symbols 文で未知変数の宣言

                         #solve で非線形の連立方程式を解く
solve([x**2 + 2*x*y + y**2 - 4, x**3 + y**3 + 2], [x, y] )
```

```
  [(-1, -1),
▶ (1 - sqrt(6)*I/3, 1 + sqrt(6)*I/3),
  (1 + sqrt(6)*I/3, 1 - sqrt(6)*I/3)]
```

図 5.18　非線形の連立方程式を解く。

3 つの解が得られましたね。そのうち 2 つは虚数解があることもわかります。

一方で、複雑な非線形の連立方程式を SymPy で解こうとしてみると、なかなかうまくいかないことも多いです。実際に様々な複雑な非線形の連立方程式を試してみるとよいでしょう。ちなみに著者の環境では、計算がいつまでたっても終わらないなんてことがよく起こります。

非線形の連立方程式（もっというと、指数関数、対数関数、三角関数などを含むような連立方程式）については、非常に複雑かつ奥深い世界であることが知られています。代数的にその解を求めることはほとんどの場合うまくいかないというのが定説であり、非線形の連立方程式については数値的な解を求める種々のアルゴリズムを用いて求解をおこなうことがほとんどです。本書でこの世界をゴリゴリと掘り下げることはやめておきますが、興味のある方は、ぜひとも非線形の連立方程式についてリサーチしてみるのもよいかもしれません。

本章では、solve を用いて様々な方程式を解く実験を楽しんでみました。SymPy にはもっともっと多くの方程式を解くための機能がたくさん備えられていますが、それらの細かい機能については語りだすとキリがないので、またの機会にでも ⋯。

第 6 章

微分、積分の計算をしてみよう

今まで基礎数学をゴリゴリと学んできましたが、やはり「様々なことの役に立つ数学」の華形はなんといっても**微分積分学**でしょう。様々な物理現象の記述、様々な事柄の数学的モデル化、さらには近頃ものすごい流行り方をしている機械学習でも、微分積分学は非常に重要な役割を果たします。が、一方で、「微分積分学」と聞くと、こんなことを思ってしまう人も多いようです。

- 「び、びぶんせきぶんがく... なんか、学生時代になんとなくやってまったくもって意味不明だった記憶が...」
- 「び、びぶんせきぶんがく... そもそも人生の中で一度も触れたことがない... ぐぬぬ...」[*1]

数学の世界でよく言われるジョークとして、

微分は”微かに分かる”。積分は”分かった積もり”

というのがあります。微分積分学というのは、その字面や、高校で習ったけど何だかよくわからなかった（あるいは、そもそも習っていない）という第一印象が強すぎて、「よくわからない数学」の代表格として語られがちな部分は否めないかなという気がしています。

確かに、微分積分学を「突き詰めて極める」ということを考えれば、とてつもなく長く険しい道程を超えなければなりません。しかしながら、あくまで我々は「微分積分学をユーザとして使えるようになる」ことが目標ですから、そこまで重苦しく考える必要もないのです。必要最低限の基本だけなら、微分積分学はそこまでむちゃくちゃ難しいものではありません。しかも、我々には SymPy という強い味方がついているわけですから。

[*1] 高校での数学の授業では、コースによって微分積分をやったりやらなかったりします。

というわけで、微分積分学の楽しい世界へ、さっそく進んでいくことにしましょう。

6.1　微分とは何か

高校あたりで微分をなんとなく習った記憶だけはある、という方は、以下のような言い回しに聞き覚えがあるかもしれません。

微分は、関数のグラフの「接線の傾き」を求める計算である。

このことの意味について、まずは考えていくことにしましょう。例えば、何か関数 $y = f(x)$ というのがあって、そのグラフを書いてみたとしましょう。そして、たとえば $x = a, b$ のところで関数 $f(x)$ のグラフにピタッと 1 点で接する直線を描いてみます。

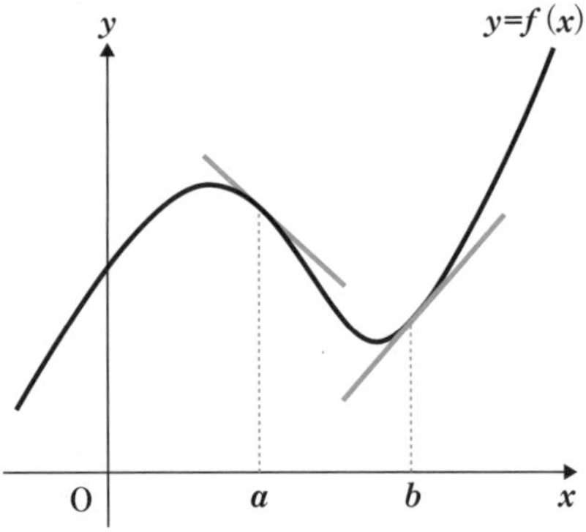

図 6.1　関数 $y = f(x)$ の $x = a, b$ における接線（緑色）。

この $x = a, b$ でグラフに一点で接する直線を、 $x = a, b$ における関数 $f(x)$ の接線（tangent line）と呼びます。接線は直線ですので、1 次関数 $y = mx + n$ という形で表せます[*2] 。この 1 次関数の傾き m を求めるのが、微分の目的、というわけです。

[*2] a, b という記号はすでに $x = a, b$ のところで使ってしまったので、1 次関数の傾きを m、切片を n と表しています。

6.1.1　そもそも何が嬉しいのか？

ここまでの話を聞いた上で、次のような疑問が湧いてくるのは至って自然なことです。はて、接線の傾きを求めるのはわかったが、

それの一体なにが嬉しいのだろう？

こんな疑問を持って微分の世界で早速つまづいてしまう初学者の皆さんを僕も**数え切れないほど**に見てきたものです。しかし、高校数学なんかでは、そこに対する言及なんてほとんどないままに講義が先にどんどん進んでしまい、結局のところ「なんでこんな何が嬉しいのかわからないことをするためにこんなにも頑張らなければならぬのだ？」という疑問の渦の中で微分に挫折してしまう、なんてことがよくあるのです。それって、ちょっと悲しいですよね。

というわけで本書では、「接線の傾きを求めるには...」という話をする前に、「接線の傾きなんて求めて一体何が嬉しいのか？」というところに視点を当てて、微分を学ぶモチベーションをはっきりさせるところから議論を始めてみましょう[*3]。

高校 1 年生くらいで習う話[*4]で、2 次関数のグラフ（放物線）の頂点を求めるというのがあります。

例えば、$y = x^2 + 4x + 6$ という 2 次関数を考えましょう。x^2 の係数が正なので、グラフは以下のような形の放物線になりますが、詳細にどの点を通るとかは現段階ではわかりません。

[*3] 【余談】本書では、「数学なんて何に使えるのかはあとからわかるんだから、とりあえずまずは勉強してみなさいよ」というスタンスを今まで何度か明言してきましたが、その一方で、「モチベーションがはっきりしないことをやるのはきつい」という声もあることでしょう。

数学って様々なトピックがあるんですよね。その種々のトピックは、

- 「何に応用できるのか」があまりはっきりしない、いわば「基礎体力」部門。
- ある程度はっきりと「応用」が見える「応用数学」部門。

の 2 つに大きく分かれると思うのです。例えば関数や方程式のところっていうのはいわば「基礎体力」に相当している側面が強いのですが、実は微分なんかは、結構簡単に応用例にたどり着けます。そういうトピックに関しては、まず「こんなことの役に立つんですよ」という部分をはっきりさせた上で学んだほうが、なんとなく、モチベーションが保ててよさそうな気がしませんか？本書では、そういうスタンスも一方で採用していく所存です。

[*4] 記憶にない！という方はなんとなく流し読みしてください。

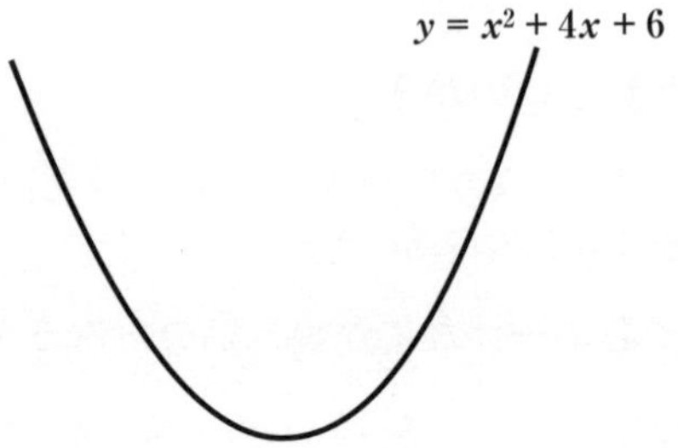

図 6.2　下に凸な放物線。

この 2 次関数は、以下のような平方完成（Completing the square）という手順を踏むことで、頂点の座標を求めることができます[*5]。

$$\begin{aligned} y &= x^2 + 4x + 6 \\ &= (x^2 + 4x) + 6 \\ &= (x^2 + 4x + 4 - 4) + 6 \\ &= (x^2 + 4x + 4) - 4 + 6 \\ &= (x + \underline{2})^2 + \underline{2} \qquad \square \end{aligned}$$

下線部に着目して、$(x + \underline{2})^2$ の下線部の符号を反転させ頂点の x 座標とし、$+\underline{2}$ の部分をそのまま頂点の y 座標とすることで、頂点の座標は $(-2, 2)$ ということがわかります。

よって、この 2 次関数 $y = x^2 + 4x + 6$ は、以下の図のように頂点の座標が $(-2, 2)$ の放物線であることが判明します。

---

*5 本書ではこの詳細な手順はあまり重要ではないので、はー、なんかそういうややこしいことをやるんだなぁ、くらいの感覚で読んでいただければ大丈夫です。

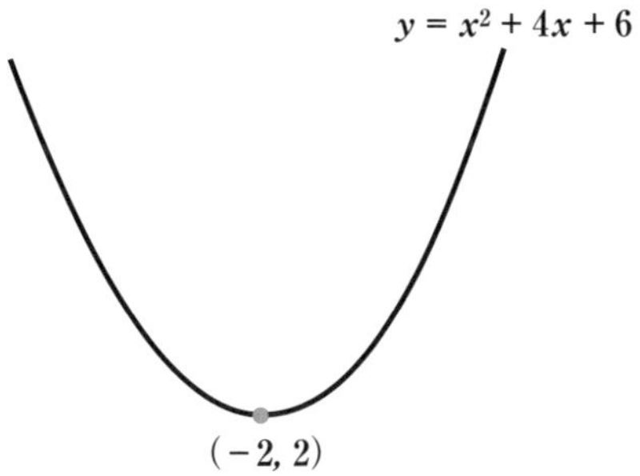

図 6.3　頂点の座標は $(-2,\ 2)$ 。

高校数学だと、「ハイ、というわけでできるようになってくださいね。以上！」で終わってしまうのですが、実はこの「2 次関数の頂点の座標を求める」という操作は、応用上極めて重要な意味を持ちます。

というのも、実はこれ、関数の最小化（minimize）ということをやっているのです。もう少し具体的に言えば、2 次関数 $y = x^2 + 4x + 6$ の値が最小になるような x の値、そしてそのとき y の値を求めている、ということに相当するのです。頂点の座標が $(-2,\ 2)$ ですよということも、以下のように換言することができます。

$$y = x^2 + 4x + 6 \text{ は、} x = -2 \text{ のとき最小値をとり、}$$

$$\text{その最小値は } y = 2 \text{ です。}$$

で、この関数の最小化というのは、きわめて様々な場面で必要となるテクニックなのです。例えば、今流行りの機械学習では、「予測の誤差（関数）を最小化するようにモデル（AI）を調整（学習）する」ということがほぼ確実に行われます。

関数を定義した章でも述べたとおり、関数というのはきわめて広範なものに当てはまります。そして、世の中には、様々な「小さくしたい」対象、あるいは「大きくしたい」対象が存在します。例えば、

- 誤差 → 小さくしたい。
- 利益 → 大きくしたい。
- 損失 → 小さくしたい。
- 満足感 → 大きくしたい。

のような。こういうときには、往々にしてこれらを関数として定式化し、それを最小

化／最大化するというアプローチを取る[*6] のです。このような理論を、関数の **最適化**（optimization）の理論と呼びます。

2 次関数の場合、

- グラフが必ず放物線になる (⇒ 最小値／または最大値を 1 つだけ持つ)
- 平方完成を使うと詳細に値がわかる

ことが保証されているのでまだよいのですが、もう少し複雑な関数になると最適化の流れはがらっと変わってしまいます。そこで、我々は次のような問いにたどり着きます。

> 様々な関数に対して、汎用的に利用できるような最適化に役立つ武器はないか？

まさに、この問に答える理論こそが「微分」だと言えるでしょう。ここでは、関数の最適化において非常によく使われる微分の応用例「勾配降下法」の流れをまず見てみることにします（まずは簡単に概略を）。

6.1.2 勾配降下法でさきほどの 2 次関数の最小値を求めてみる。

さきほどの 2 次関数の最小値を平方完成ではない方法で求める方法のアプローチを紹介します。まずは、図 6.4 のように x の値をランダムに決定します（これを x_0 としましょう）。

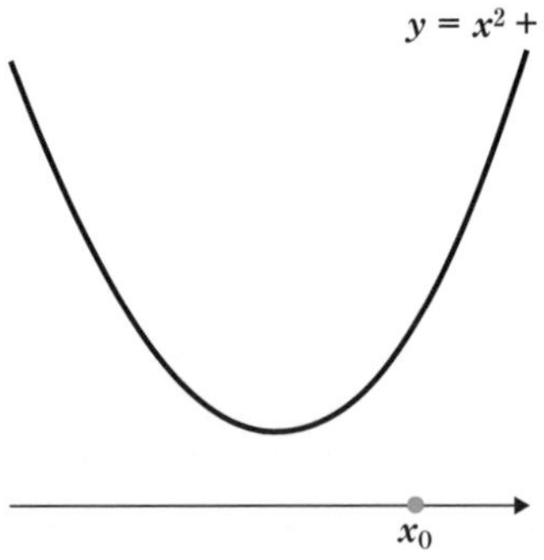

図 6.4　$x = x_0$ (初期値) をランダムに決定。

[*6] または、最小値／最大値を求めるのが難しい場合は、「なるべく」小さい値／「なるべく」大きい値を探すことも多いです。

上記の点における関数の接線を引き、その傾きの値が求められたとしましょう（これが微分によってできることです）。

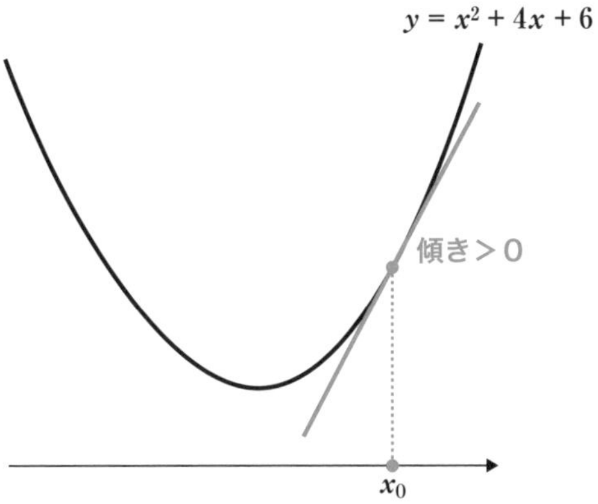

図 6.5　接線（緑色）の傾きは正。

さて、上図の接線（緑色）の傾きが正ということからわかることは、

- x を x_0 から正の方向に動かすと、関数 $y = f(x)$ の値いは増加してしまうだろう。

ということです。なぜなら、接線の傾きが正ということは、その瞬間、関数 $y = f(x)$ の値いは増加しているということですから。

こんなふうに、接線の傾きの値を見ると、

関数の値がその瞬間増加しているか、それとも減少しているか、

あるいは増加も減少もしていないのか、

ということがわかってしまうのです。

これがまさに微分の真髄です（図 6.6）。

つまるところ、微分の目的は「接線の傾きを求める」というよりも、**（接線の傾きを求めることによって）関数の瞬間的な増減のようすを明らかにすること**だと言い換えたほうがわかりやすいかもしれませんね。

話は戻ると、さきほどの 2 次関数の $x = x_0$ において求めた接線の傾きが正だったのでした。ということは、 x を増加させると（少なくともその瞬間は）、関数の値は増加してしまうということがわります。我々は今、**関数の値を小さくする**のが目的だったの

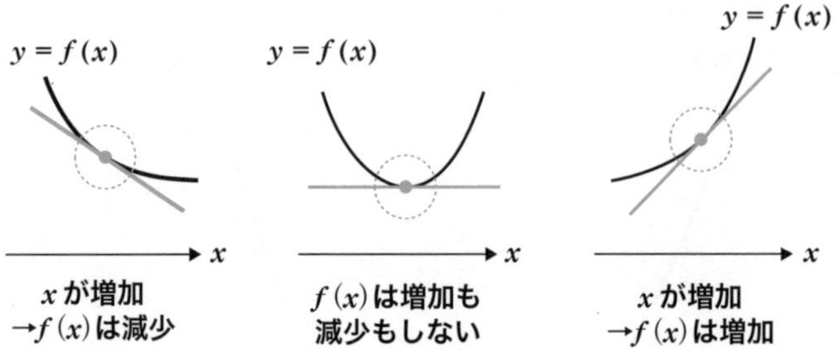

図 6.6　接線（緑色）の傾きを見れば、その瞬間の「関数の値の増減」がわかる。

で、 x の値は減少させるべきだということがわかりますね。なので、 x の値を x_0 から、少し減少させた x_1 に更新します。そして、その点における接線（緑色）の傾きを調べます（図 6.7）。

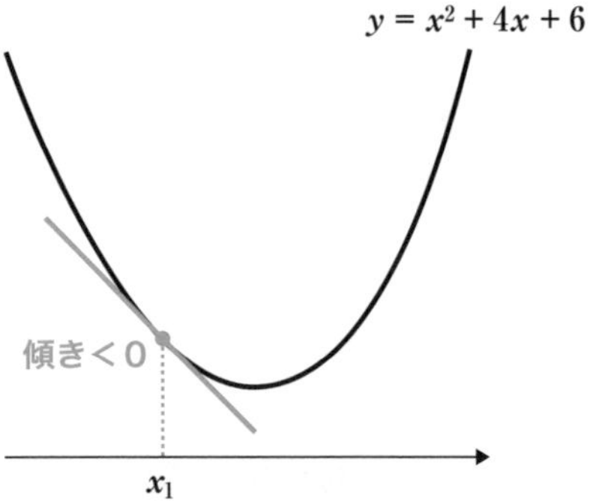

図 6.7　今度は $x = x_1$ で接線（緑色）の傾きを調べると負の値だった。

今度は接線（緑色）の傾きが負の値になりました。ということは、 x の値を少し増加させれば、関数 $y = f(x)$ の値は減少してくれるだろう、ということがわかります。

こんなふうに、接線の傾きを手がかりに、「少しずつ」関数が減少するように x の値を動かし続けるのが勾配降下法の核となるアイデアです。これを何度も繰り返して、 x の値がほぼ変化しなくなったくらいのタイミングで、そのあたりに最小値を実現する x がありそうです。

詳しく述べると、もう少し深いことを述べなければならないのですが、大まかに言えばこの勾配降下法のアイデアはこんな感じです。実はこのアイデアは、昨今世間を騒がせている機械学習なんかでも、最強のアイデアとして未だに使われています。

6.2 微分係数の定義

というわけで、「接線の傾き」を求めるご利益、なんとなく掴んでいただけましたか。もちろん、接線の傾きを求めるメリットは何も勾配降下法だけではありません。様々な場面でこの「接線の傾きを求める」というアイデアは極めて重要な役割を果たします。

とはいっても、いや、その接線の傾きというのはどうやって求めるのだ $\cdots$ という疑問にぶち当たるわけです。早速ここで、「接線の傾き」を求めるアイデアを述べてみることとします。

関数 $y = f(x)$ を考えます。このとき、 $x = a$ における接線の傾きを求めることを目標としましょう（図 6.8)。とはいっても、いきなり接線の傾きをビシッと求めることは現段階ではできません。

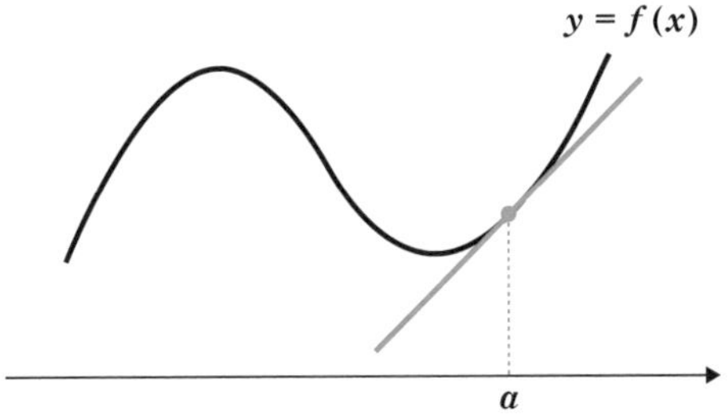

図 6.8　関数 $f(x)$ の $x = a$ における接線（緑色）の傾きを求めたい。

そこで、一旦接線の傾きを求めることは諦めて、以下の図のような $x = a$, $x = a + h$ の 2 点を結んだ緑色の直線 ℓ の傾きをまずは求めてみることにします。

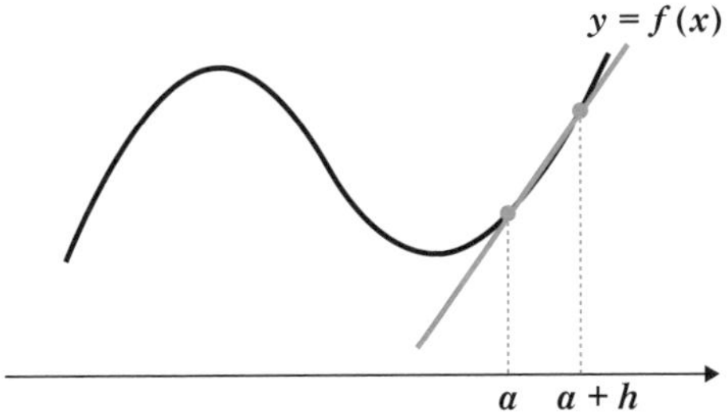

図 6.9　関数 $f(x)$ の $x = a$, $x = a + b$ に対応する点を結ぶ直線（緑色）。

中学校や高校で習う知識を思い出すと、この緑色の直線 ℓ の傾きだったら何とかなりそうな気がしてきます。というのも、1 次関数の傾きというのは、常に以下の 変化の割合 (rate of change) と常に一致することが知られているからです（図 6.10)。

$$\text{変化の割合} = \frac{y\,\text{の増加量}}{x\,\text{の増加量}}$$

□

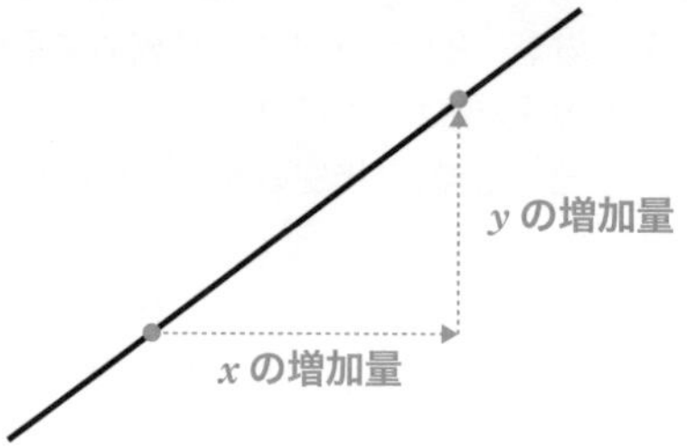

図 6.10　1 次関数の場合は常に変化の割合 = 傾き。

そして、以下の図で緑色の直線 ℓ を見てみると、x の増加量は h 、y の増加量は $f(a+h)-f(a)$ であることがわかります。

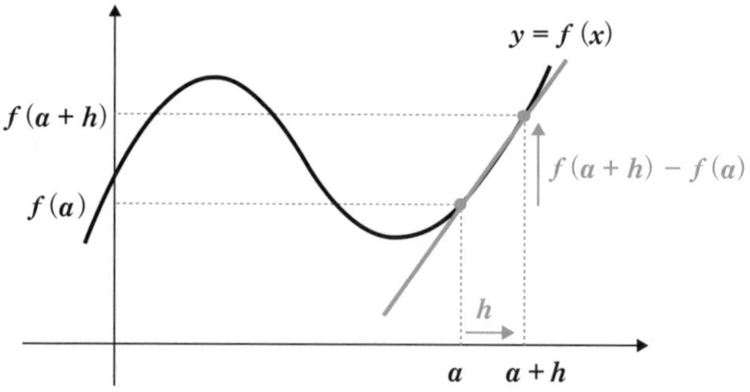

図 6.11　x の増加量と y の増加量。

これにより、緑色の直線 ℓ の傾きは、

$$\frac{f(a+h)-f(a)}{h}$$

であることがわかります。

ここまでくれば、実は $y = f(x)$ の $x = a$ における接線の傾きは目の前です。なぜなら、

- 緑色の直線 ℓ は、h を限りなく 0 に近づける（$x = a + h$ を限りなく $x = a$ に近づける）と、$y = f(x)$ の $x = a$ における接線に限りなく近づく。
- ということは、緑色の直線 ℓ の傾き

  $$\frac{f(a+h) - f(a)}{h}$$

  は、h を限りなく 0 に近づけると、$y = f(x)$ の $x = a$ における接線の傾きに限りなく近づく。

数学では、「h を限りなく 0 に近づける」ことを、$\lim_{h \to 0}$ と表します[*7]。すなわち、以下の値こそが、関数 $y = f(x)$ の $x = a$ における接線の傾きにほかならないのです[*8]。

$$\lim_{h \to 0} \frac{f(a+h) - f(a)}{h} \qquad \square$$

この接線の傾きに $f'(a)$ という名前をつけて、関数 $y = f(x)$ の $x = a$ における 微分係数と呼びます。

微分係数（derivative coefficient）

関数 $y = f(x)$ の $x = a$ における接線の傾き

$$f'(a) = \lim_{h \to 0} \frac{f(a+h) - f(a)}{h} \qquad \square$$

を、関数 $y = f(x)$ の $x = a$ における 微分係数と呼ぶ。

---

*7 一般に、関数 $f(x)$ において x を限りなく a に近づけることを以下のように表し、関数 $y = f(x)$ の $x \to a$ による極限をとると呼びます。

$$\lim_{x \to a} f(x)$$

そして、この値が α というただひとつに定まるとき、

$$\lim_{x \to a} f(x) = \alpha$$

と書き、α を 極限値と呼びます。

*8 ただし、この値が「ひとつに定まるとき」という条件がつきます。

例えば、関数 $y = x^2$ の $x = 1$ における微分係数を愚直に計算で求めてみましょう（$y = f(x) = x^2$ と書くことにします）。

$$f'(1) = \lim_{h \to 0} \frac{f(1+h) - f(1)}{h}$$

$$= \lim_{h \to 0} \frac{(1+h)^2 - 1^2}{h}$$

$$= \lim_{h \to 0} \frac{1 + 2h + h^2 - 1}{h}$$

$$= \lim_{h \to 0} \frac{h(2+h)}{h} = \lim_{h \to 0}(2+h) = 2 \qquad \square$$

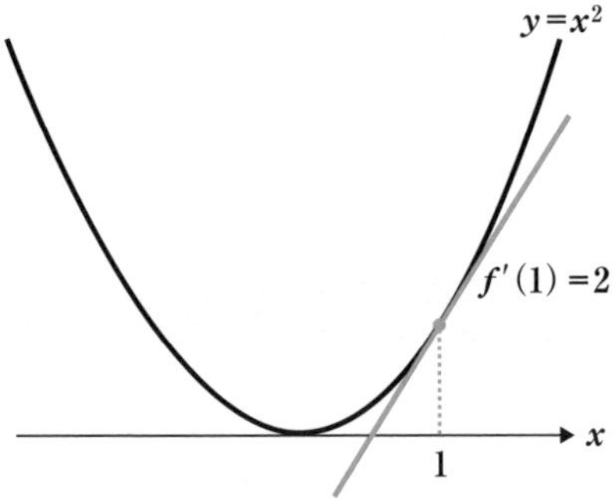

図 6.12 $y = f(x) = x^2$ の $x = 1$ における接線（緑色）の傾き（微分係数）は 2 。

すなわち、$y = x^2$ のグラフ（放物線）の $x = 1$ における緑色の接線の傾き（微分係数） $f'(1)$ は 2 であるとわりました。まぁ、それはよいのですが、ちょいとばかりこの計算は複雑で厄介ですね。とてもではないですが、毎度毎度この計算をやるのは嫌ですね。

そこで、まずは Python を使って微分係数を求めてみることにしましょう。これには SymPy を使うことはなく、微分係数の定義を直接用いることで解決します。

```
def f(x):                          #関数 f を定義
  return x**2                      #計算結果を返す

  #関数 delivative_coef を定義。関数 f と a を引数として受け取る
def delivative_coef(f, a):
  h = 0.000001                     #h に「とても小さな値」を代入
  return (f(a + h) - f(a))/h       #関数 f を使った計算の結果を返す

delivative_coef(f, 1)              #関数 delivative_coef を呼び出す
```

▶ 2.0000009999243673

図 6.13　$y = f(x) = x^2$ の $x = 1$ における微分係数 $f'(1)$ を Python で計算。

若干の誤差はありますが、かなり高い精度で $f'(1) = 2$ を求めることができました。微分係数を求める関数 `delivative_coef` 内で h を「とても小さな値」として設定しているのは、「h を限りなく 0 に近づける」という操作が計算機上では厳密におこなうことができないからです[*9]。

これで我々は、近似的にではありますが接線の傾きをさくっと Python で求めることができるようになりました。まぁ、これで万歳といえば万歳なのですが、もう少し便利なアイデアをひとつご紹介しましょう。

---

*9 一言で h を限りなく 0 に近づけるといっても、これは要するに、「h をどんな数よりも 0 に近くせよ」という結構絶妙な操作をあらわします。例えば 0.001 という数を考えたときに、h はこれよりも 0 に近くできますよね。で、今度は 0.0000001 という数を考えると、やはり h はこれより 0 に近くできます。これを延々と繰り返しなさいということを言っているのです。極限というのは、h の値をビシッと決めるということではなく、「h をどんどん 0 に近い値にしていく」という動きを表すというイメージのほうが捉えやすいでしょう。

計算機上でこれをやろうとしてもよいのですが、プログラミング言語が扱える小さな値には限界があり、延々とこの操作を繰り返すといつか値が小さすぎて消えて無くなってしまいます（アンダーフロー）。ですので、あくまで「近似的に」h を 0 に近づけるしかなく、「h はとても小さな値であればまぁ、大体 0 に近づいたと言ってよいだろう」という考え方をします。

6.3　導関数と微分

微分係数の定義において、 $x = a$ と接点の x 座標を固定するのではなく、あえて x（すなわち変数）が入った状態のまま接線の傾きを計算してみるのです。すなわち、

$$f'(x) = \lim_{h \to 0} \frac{f(x+h) - f(x)}{h}$$

という x の関数を計算してみる、ということです。

ちょっとピンとこないという方もいるかもしれませんので、さきほどの関数 $y = x^2$ でこれを計算してみましょう。

$$\begin{aligned} f'(x) &= \lim_{h \to 0} \frac{f(x+h) - f(x)}{h} \\ &= \lim_{h \to 0} \frac{(x+h)^2 - x^2}{h} \\ &= \lim_{h \to 0} \frac{x^2 + 2hx + h^2 - x^2}{h} \\ &= \lim_{h \to 0} \frac{h(2x+h)}{h} = \lim_{h \to 0}(2x + h) = 2x \qquad \square \end{aligned}$$

$f'(x) = 2x$ という結果が得られました。このような形で微分係数のようなものが得られることには、実は結構大きなご利益があります。それは何かというと、$f'(x) = 2x$ は「 x における微分係数」を表す関数なので、 $f'(x) = 2x$ に $x = 1$ を代入すれば、 $x = 1$ にける $y = f(x) = x^2$ の微分係数 $f'(1)$ が求められてしまいます。

$$f'(1) = 2 \times 1 = 2 \qquad \square$$

さらに、 $x = 2$ だろうが、 $x = -1$ だろうが、 $x = 10000$ だろうが、どのような点でも、 $y = x^2$ の接線の傾きが求められてしまうわけです。

これって、とても便利ではないですか？すなわち、「わざと x という文字が残っている状態で」微分係数を計算してしまい、 $f'(x)$ という、「 x における接線の傾きを表す関数」を得られれば、あとは x に好きな値をボンボコ代入しまくってやれば、各点での接線の傾きが求められてしまうのです。この便利な関数 $f'(x)$ を、 $f(x)$ の**導関数**と呼びます。

導関数（derivative）

関数 $y = f(x)$ に対して、

$$f'(x) = \lim_{h \to 0} \frac{f(x+h) - f(x)}{h} \qquad \square$$

を、関数 $y = f(x)$ の導関数と呼ぶ。

そして、この導関数を関数 $y = f(x)$ に対して求める操作のことを、関数 $y = f(x)$ を 微分すると呼ぶのです。

ちなみに、導関数 $\dfrac{dy}{dx}$、$\dfrac{df(x)}{dx}$ と書くことも多くみられます（ライプニッツの記法）。

種々の関数に対して、その導関数の形は以下のようによく知られています。

導関数の公式

$$f(x) = C \Rightarrow f'(x) = 0 \ \ (C \text{ は定数})$$

$$f(x) = x^n \Rightarrow f'(x) = nx^{n-1}$$

$$f(x) = e^x \Rightarrow f'(x) = e^x$$

$$f(x) = \log x \Rightarrow f'(x) = \frac{1}{x}$$

$$f(x) = \sin x \Rightarrow f'(x) = \cos x$$

$$f(x) = \cos x \Rightarrow f'(x) = -\sin x$$

$$f(x) = \tan x \Rightarrow f'(x) = \frac{1}{\cos^2 x}$$

さらに、以下の法則などを組み合わせると、様々な形の関数の導関数を求めることができます。

微分法則

- **線形性**

$$\{\alpha f(x) + \beta g(x)\}' = \alpha f'(x) + \beta g'(x)$$

- **積の微分法則**

$$\{f(x)g(x)\}' = f'(x)g(x) + f(x)g'(x)$$

- **商の微分法則**

$$\left\{\frac{f(x)}{g(x)}\right\}' = \frac{f'(x)g(x) - f(x)g'(x)}{\{g(x)\}^2}$$

- **合成関数の微分法則**

$$\frac{df}{dx} = \frac{df}{dt}\frac{dt}{dx}$$

これらの法則をすべて頭に入れて、具体的な関数に対して使いこなすというところまで学び切るというのは、なかなかに大変な道のりです。みなさんが高校や大学の数学の授業で歩むのはおそらくこの道ではあるのですが、我々には SymPy という強力な武器があります。これらの複雑な定理や法則はすでに SymPy に搭載されているので、我々は微分の計算をしたいときには、とりあえず関数を渡して

これを微分してちょうだい

とお願いするだけで答えが返ってきます。

SymPy で微分をおこなうときは、**diff** を使います。

```
from sympy import *        #sympy のインポート
x = symbols("x")           #symbols 文で未知変数の宣言

f = 3*x**5                                #式 f を定義
g = 2*exp(x) + log(-x**2)                 #式 g を定義
h = sin(2*x) + cos(x) - tan(4*x)          #式 h を定義

diff(f, x)                          #diff で式 f を微分
```

► $15x^4$

```
diff(g, x)                          #続けて、式 g を微分
```

▶ $2e^x + \frac{2}{x}$

```
diff(h, x)                    #続けて、式 h を微分
```

▶ $-\sin(x) + 2\cos(2x) - 4\tan^2(4x) - 4$

図 6.14　適当な関数 f, g, h を微分。

さらに、導関数に具体的な値を代入して、その点における微分係数を求めてみるのも subs を使えば簡単です。

```
from sympy import * #sympy のインポート
x = symbols("x")     #symbols 文で未知変数の宣言

f = 3*x**5                             #式 f を定義
g = 2*exp(x) + log(-x**2)              #式 g を定義
h = sin(2*x) + cos(x) - tan(4*x) #式 h を定義

df = diff(f, x)      #式 f を微分して df に代入
dg = diff(g, x)      #式 g を微分して dg に代入
dh = diff(h, x)      #式 h を微分して dh に代入

    #subs で、式 f の x=1 における微分係数を計算
df.subs([(x, 1)])
```

▶ 15

```
    #続けて、式 g の x=2 における微分係数を計算
dg.subs([(x, 2)])
```

▶ $1 + 2e^2$

```
    #続けて、式 h の x=π における微分係数を計算
dh.subs([(x, pi)])
```

▶ -2

図 6.15　f, g, h の導関数に具体的な値を代入した各々の微分係数を求める。

6.3.1　高階導関数

関数 $y = f(x)$ を微分して得られた $f'(x)$ は、結局 x の関数なので、再び微分をして

$$f''(x)$$

を得ることができます。これを $f(x)$ の **2 階導関数**と呼びます。さらに、同様のことを繰り返し、

$$f'''(x), \quad f''''(x), \quad f'''''(x), \ldots$$

を得ることができ、総称して**高階導関数**と呼びます[*10]。

高階導関数も、SymPy を使えば一撃です。例えば $f(x) = x^{10}$ に対して、**diff** を、以下のように使ってみましょう。

```
from sympy import * #sympy のインポート
x = symbols("x")     #symbols 文で未知変数の宣言

f = x**10            #式 f を定義

diff(f, x, 2)        #diff で、式 f の高階導関数（2 階）を求める
```

▶ $90x^8$

```
diff(f, x, 3)        #続けて、高階導関数（3 階）を求める
```

▶ $720x^7$

図 6.16　$f(x) = x^{10}$ と定義し、高階導関数を計算しまくってみる①

さらに、**for ループ**を使って 0 階導関数（元の $f(x)$ ）から 11 階微分（11 階導関数）までを並べて計算させてみました。あっという間に高階導関数を正確に計算してくれま

---

*10　ダッシュ (′) の個数が多くなると数えるのがしんどくなってくるので、**3 階導関数**よりも先は、

$$f^{(3)}(x), \quad f^{(4)}(x), \ldots$$

というふうに書くことが通常です。または、**ライプニッツの記法**を使って、

$$\frac{df}{dx}, \frac{d^2 f}{dx^2}, \frac{d^3 f}{dx^3} \ldots, \frac{d^n x}{dx^n}$$

みたいに表すことも多いですね。

した。

```
from sympy import * #sympy のインポート
x = symbols("x")       #symbols 文で未知変数の宣言

f = x**10              #式 f を定義

for n in range(12): #for ループで 0〜11 階導関数の計算結果
  print(n, "階", " ", diff(f, x, n))
```

```
0 階  x**10
1 階  10*x**9
2 階  90*x**8
3 階  720*x**7
4 階  5040*x**6
5 階  30240*x**5
6 階  151200*x**4
7 階  604800*x**3
8 階  1814400*x**2
9 階  3628800*x
10 階  3628800
11 階  0
```

図 6.17　$f(x) = x^{10}$ と定義し、高階導関数を計算しまくってみる②

高階導関数も、SymPy にかかれば楽勝ということですね。

6.4　偏微分

$z = f(x, y)$ のような 2 変数関数、もっと多くの文字を含む多変数関数に対しても、微分に相当する操作を定義することはできないか？を考えます。ここで現れるのが、偏微分 (partial differential) という考え方です。

例えば、$z = f(x, y) = x^2 + y^2$ という 2 変数関数を考えましょう。この関数は 2 つの文字 x, y を含むため、今までのように微分する文字（今までは関数に x という 1 文字しか入っていなかったので、x によって関数を微分するということがすぐにわかったのですが...）を x にすべきか、y にすべきか、あるいはその両方にすべきか... ということに迷ってしまいます。

そこで我々は、次のような考え方に立ちます。

- x に着目して x で微分する。このとき、y は「単なる定数」として扱う。
- y に着目して y で微分する。このとき、x は「単なる定数」として扱う。

このように、「微分したい文字」をひとつ決めて、「それ以外は定数」というふうに考え、今までと同じように微分をするというアイデアが、**偏微分**というアイデアなのです。

というわけで、**偏微分の定義**を以下に述べましょう（簡単のため、2 変数関数について考えます）。

偏微分（偏導関数 / partial defivative）

$z = f(x, y)$ について、以下のように定義する。

$$\frac{\partial f}{\partial x} = \lim_{h \to 0} \frac{f(x+h,\, y) - f(x,\, y)}{h}$$

$$\frac{\partial f}{\partial y} = \lim_{h \to 0} \frac{f(x,\, y+h) - f(x,\, y)}{h}$$

$\dfrac{\partial f}{\partial x}$ を f の x による**偏導関数**、$\dfrac{\partial z}{\partial y}$ を f の y による**偏導関数**と呼ぶ。

「？？？」という感じですね。この定義式は、2 変数関数 $f(x, y)$ において、x (もしくは y) だけを変数として 1 変数の場合と同様の導関数の定義を書いているというだけなのですが、もしよくわからなかったら、まぁ以下のような定義だと思って差し支えないでしょう。

偏微分（偏導関数 / partial defivative）

$z = f(x, y)$ について、「x だけに着目して微分をして得られるものを $\frac{\partial f}{\partial x}$ と書き、**f の x による偏導関数**」、「y だけに着目して微分をして得られるものを $\frac{\partial z}{\partial y}$ と書き、**f の y による偏導関数**」と呼ぶ。

例えば、さきほどの $z = f(x, y) = x^2 + y^2$ の x, y による偏導関数をそれぞれ求めると、

$$\frac{\partial f}{\partial x} = \underbrace{2x}_{x\text{で普通に微分}} + \underbrace{0}_{y\text{は定数なので、微分したら }0} = 2x$$

$$\frac{\partial f}{\partial y} = \underbrace{0}_{x\text{は定数なので、微分したら }0} + \underbrace{2y}_{y\text{で普通に微分}} = 2y$$

ほとんど普通の微分をそのままやるだけなので、全然難しいことはないですね。もうちょっと複雑な 2 変数関数も偏微分してみましょう。たとえば、$z = g(x, y) = x^2 + 2xy + y^2$ を考えると、

$$\frac{\partial g}{\partial x} = \underbrace{2x}_{x\text{で普通に微分}} + \underbrace{2y}_{x\text{のところだけ微分}} + \underbrace{0}_{y\text{は定数なので、微分したら }0} = 2x + 2y$$

$$\frac{\partial g}{\partial y} = \underbrace{0}_{x\text{は定数なので、微分したら }0} + \underbrace{2x}_{y\text{のところだけ微分}} + \underbrace{2y}_{y\text{で普通に微分}} = 2x + 2y$$

$2xy$ のところの微分がちょっとコツが必要ですが、例えば x で微分するときは、

$$2xy = \underbrace{(2y)}_{x\text{の係数}} \; x$$

と考えて x だけで微分して $2y$ のように考えるとわかりやすいかもしれません。

とはいっても、SymPy を使うと、複雑な関数も簡単に偏微分をおこなうことができます。実際に SymPy を使って偏微分をおこなってみましょう。SymPy で偏微分をおこなうときは、`diff(f, x)` や `diff(f, y)` というふうに、どの文字で偏微分するのかを指示します。

```
from sympy import *    #sympyのインポート
x, y = symbols("x y") #symbols文で未知変数の宣言

      #式fを定義
f = 3*x**2 + 5*x*y**2 - 2*x**2*y + y**2

diff(f, x)             #diffで式fをxで偏微分
```

▶ $-4xy + 6x + 5y^2$

```
diff(f, y)             #続けて、式fをyで偏微分
```

▶ $-2x^2 + 10xy + 2y$

図 6.18 $f(x, y) = 3x^2 + 5xy^2 - 2x^2y + y^2$ を x, y で偏微分。

さらに、指数関数、対数関数、三角関数を含むような複雑な関数も微分できます（図6.19）。

微分について様々な内容を見てきましたが、SymPyを使うと様々な関数の導関数、偏導関数が非常に簡単に、かつ正確に求められることがわりました。正直、微分の計算を手計算でおこなうとなると、様々な法則、そして慣れが要求されるところが大きいので、結構ミスとかをしがちなんですよね。しかし、SymPyは一瞬かつ間違えることなく微分をおこなってくれる非常に強力な武器となります。

機械学習をするときなんかは、意外とそんなに難しい（人間が頭をウンウン唸らせないと解決できないような）微分が（少なくとも最初のうちは）出てこなかったりします。そういうときは、SymPyなどを使ってさくっとそこを超えてしまえば、効率的に学習をすすめることができたりします。勿論頼り過ぎはそれはそれでよくないですが、なんというか、文明の利器って、いいもんですよね。

```
from sympy import *         #sympyのインポート
x, y = symbols("x y")      #symbols文で未知変数の宣言

g = exp(x*y) + x*log(y)    #式gを定義
h = x*sin(cos(x+y))        #式hを定義

diff(g, x)                  #diffで、式gをxで偏微分
```

▶ $ye^{xy} + \log(y)$

```
diff(g, y)                    #続けて、式gをyで偏微分
```

▶ $xe^{xy} + \frac{x}{y}$

```
diff(h, x)                    #続けて、式hをxで偏微分
```

▶ $-x\sin(x+y)\cos(\cos(x+y)) + \sin(\cos(x+y))$

```
diff(h, y)                    #続けて、式hをyで偏微分
```

▶ $-x\sin(x+y)\cos(\cos(x+y))$

図 6.19 複雑な 2 変数関数 $g(x, y) = e^{xy} + x\log y$, $h(x, y) = x\sin(\cos(x+y))$ を x, y で偏微分。

6.5 不定積分

微分と必ずセットになって現れる積分ですが、実は積分には 2 種類があります。その 2 種類とは、

- 定積分 (definite integral)
- 不定積分 (indefinite integral)

と呼ばれ、歴史上は曲がった土地の面積を求めるための理論として定積分が確立され、その中で実はそれが微分ときわめて密接な関係があることが判明し、「微分の逆」をおこなう理論として、不定積分が確立されました。

ですので、定積分からまずは導入をおこない、不定積分という洗練された理論にたどり着く、というのが正しい流れではあるのですが、まぁそれをやり始めるとこの本は単なる積分の教科書になってしまうので、本書では不定積分のみを扱うことにします。不定積分ができてしまえば、定積分は計算だけならばすぐにできますので、より深く積分を学びたいという方は、別途定積分を学んでみるとよいでしょう。

不定積分とは、微分の逆操作を表す演算です。具体的にどういうことかを見てみるために、例えば $y = f(x) = 2x$ という簡単な関数を考えてみましょう。ここで、次のような問を考えてみます。

微分すると $2x$ になる関数 $F(x)$ はなんですか？

今までの微分では、

$$f(x) \xrightarrow{\text{微分}} \underbrace{\boxed{\text{ここは？}}}_{f'(x)}$$

ということを主におこなってきたのですが、今のクイズは、

$$\underbrace{\boxed{\text{ここは？}}}_{F(x)} \xrightarrow{\text{微分}} f(x) = 2x$$

という、いわば「微分の逆操作をせよ」という意味になるわけです。この $F(x)$ 、すなわち微分をすると $f(x) = 2x$ になる関数 $F(x)$ のことを、 $f(x)$ の**原始関数** (primitive function) と呼びます。

この場合、 $F(x) = x^2$ と答えたくなります。なぜなら、

$$(F(x))' = (x^2)' = 2x = f(x)$$

となり、たしかに $F(x)$ は微分すると $2x$ という性質を満たすからです。

しかし、この答えは 100 点満点の答えではありません。なぜなら、例えば $F(x) = x^2 + 1$ という関数を考えてみると、

$$(F(x))' = (x^2 + 1)' = 2x + 0 = 2x = f(x)$$

となり、やはり「微分すると $2x$ 」という性質を満たすからです。

定数は微分すると 0 になってしまうので、結局のところ、以下のようなあらゆる形の関数は、「微分すると $2x$ 」という性質を満たすことがわかります。

$$\begin{aligned}
F(x) &= x^2 \\
F(x) &= x^2 + 1 \\
F(x) &= x^2 - 1 \\
F(x) &= x^2 + 2 \\
F(x) &= x^2 - 2 \\
&\vdots
\end{aligned}$$

これらをまとめて、先のクイズの「100 点満点の答え」は、

$$F(x) = x^2 + C \text{（}C\text{ は定数）}$$

となります。この C のことを **積分定数**（constant of integration）と呼びます。

一般に、関数 $f(x)$ の原始関数 $F(x)$ を求める操作のことを **$f(x)$ の不定積分**と呼び、以下のように表します。

$$\int f(x)dx$$

さきほどの例で言えば、

$$\int 2xdx$$

を計算せよというのが、さきほどのクイズのフォーマルな記法であるということです。答えも込みで書いてみると、

$$\int 2xdx = x^2 + C \text{（}C\text{ は積分定数）}$$

というのが完璧な解答になります。

不定積分

関数 $f(x)$ に対して、その原始関数を求める操作を

$$\int f(x)dx$$

と書き、$f(x)$ の **不定積分**（indefinite integral）と呼ぶ。$f(x)$ の原始関数のひとつを $F(x)$ と表すとき、

$$\int f(x)dx = F(x) + C \text{（}C\text{ は積分定数）}$$

□

種々の関数に対して、不定積分の公式が以下のように与えられます。これは、「微分公式の逆」を考えれば、正しいということがすぐにわります。

不定積分の公式

以下、すべての C は積分定数。

$$\int c dx = cx + C \quad (c \text{ は定数})$$

$$\int x^n dx = \frac{1}{n+1} x^{n+1} + C \quad (n \neq -1)$$

$$\int e^x dx = e^x + C$$

$$\int \frac{1}{x} = \log x + C$$

$$\int \sin x dx = -\cos x + C$$

$$\int \cos x dx = \sin x + C$$

$$\int \frac{1}{\cos^2 x} dx = \tan x + C$$

さらに、詳細は本書では解説しませんが、以下のような積分に関する法則をさきほどの公式と組み合わせると、様々な関数の不定積分がおこなえます。

不定積分の法則

以下、積分定数は省略。

$$\int f(x)dx = \int f(g(t))\frac{dg(t)}{dt}dt \quad (\text{置換積分法})$$

$$\int f(x)g(x)dx = F(x)g(x) - \int F(x)g'(x)dx$$

(部分積分法)

特に不定積分の法則を見る感じなんとなく想像がつくかもしれませんが、微分を計算するのに比べて、不定積分を計算することはかなり難しいことが多いものです[*11]。

微分って、どんな関数でも（故意にものすごく複雑にした関数や、特殊な形をした関数であればその限りではありませんが）大体その導関数をゴリゴリと求めてしまうことはできるんですよ。しかしながら、不定積分ともなると、ごく単純な関数ですら、「この関数の原始関数は求められません」という状態に陥ってしまうことが当たり前のように起こるのです。例えば、

$$\int \frac{1}{\log x}dx$$

という不定積分は、その計算結果を初等関数[*12]を使って表すことはできないことが証明されています[*13]。こんな単純な形の関数でも、その形を初等関数で表すことができ

[*11] まぁあんまり厳密な言い回しではないですが、掛け算よりも、その逆演算の割り算のほうがめんどくさいっすよね〜、みたいなことだと思えばいいかと。

[*12] 初等関数とは、我々が今まで扱ってきた、多項式関数、指数関数、対数関数、三角関数などの、常識的な振る舞いをしてくれる関数たちのことだと思えばOKです。

[*13] ちなみに、**対数積分** li(x) という関数は以下のように定義されます。

$$\mathrm{li}(x) = \int \frac{1}{\log x}dx$$

ないというのはなかなか不思議な感じがしますね。

実際に、SymPy をつかって簡単な不定積分を計算してみましょう。不定積分の計算には、 **integrate** を使います。 結果を見ると、積分定数は省略されていることがわか

```
from sympy import *      #sympy のインポート
x, f = symbols("x f") #symbols 文で未知変数の宣言

f = 2*x**3 + x**2 - 5*x + 10 #式 f を定義

integrate(f, x)          #inregrate で式 f を x で不定積分
```

▶ $\frac{x^4}{2} + \frac{x^3}{3} - \frac{5x^2}{2} + 10x$

図 6.20　$f(x) = 2x^3 + x^2 - 5x + 10$ を不定積分。

ります。が、本当は厳密には積分定数を考えなければならないということには注意しましょう。

せっかくなので、さきほど「初等関数では表せない」と述べた不定積分

$$\int \frac{1}{\log x} dx$$

の計算も試してみましょう。

```
from sympy import *      #sympy のインポート
x = symbols("x")         #symbols 文で未知変数の宣言
k = 1/log(x)             #式 k を定義

integrate(k, x)          #integrate で式 k を x で不定積分
```

▶ $\mathrm{li}(x)$

図 6.21　不定積分すると、たしかに計算結果が出てこない。

さきほどとは違って、計算結果をさくっと吐き出してくれるようすはありませんね。このように、初等関数を用いて表せない不定積分を計算した場合は、`Integral` インスタンスが返されることがあります。

この右辺の積分の結果（計算結果を求めることはできない）を使って、間接的に li(x) という関数を定義してしまうのです。 □

6.6 Integral インスタンスと遅延評価

ここででてきた Integral インスタンスですが、実は「答えを計算できません」という単にそれだけの意味を持つだけではありません。

というのも、例えば関数 $y = f(x) = 2x$ という簡単な関数を考えたとき、以下のようなソースコードを実行してみます。

```
from sympy import *      #sympy のインポート
x = symbols("x")         #symbols 文で未知変数の宣言

f = 2*x                  #式 f を定義

Integral(f, x)           #Integral で、式 f を x で不定積分
```

▶ $\int 2x\,dx$

図 6.22　Integral インスタンスが返される。

Integral インスタンスが返ってきました。こんなふうに、$f(x) = 2x$ のような簡単な関数でも、**Integral** に渡すことで、その結果を Integral インスタンスとして返させることができます。

しかし、気になりますね。Integral インスタンスって、言ってみれば不定積分の答えを求めてくれていません。いわば、「$2x$ の不定積分は？」と聞いたら、「それは $2x$ の不定積分ですよ」ということですので、一見して何の意味も無いような気がしてきます。

が、実はこの Integral インスタンスは、以下の **doit メソッド**を呼び出すことにより、不定積分の実際の答えを計算することができます。

```
from sympy import *          #sympy のインポート
x = symbols("x")             #symbols 文で未知変数の宣言

f = 2*x                      #式 f を定義

f_int = Integral(f, x)       #式 f の不定積分を f_int に代入
f_int.doit()                 #doit で、不定積分の実際の答を計算
```

▶ x^2

図 6.23　Integral インスタンスの doit メソッドで、具体的な計算結果が返される。

ですので、Integral インスタンスも、doit メソッドを実行することによって不定積分の結果を返してくれるわけですから、まぁ、まったくもって無意味かというと、そんなこともなさそうです。

しかし、どうせ計算をするんだったら、はじめから integrate を使って計算結果を求めてしまえばよいではないか、という気にもなってくるわけですが、実は Integral インスタンスを考えるご利益というのは結構大きいのです。

というのも、Integral インスタンスには、

- 実際に計算をおこなうタイミングが自由（doit メソッドを呼んだ瞬間）。
- 初等関数で表せない不定積分も保持できる（Integral インスタンスのままにしておけばよい）。

というメリットがあります。まずは 1 つ目のメリットについて。不定積分などだと特に多いのですが、ちょっと複雑な不定積分をおこなおうとすると、計算にやたらと時間がかかったりすることがあります。

integrate を使っていきなり計算をする方法は一見無駄がないようにも見えますが、「計算に時間がかかる複雑な積分も、その場ですぐやり始めてしまう」という欠点があります。「今はとりあえず計算せずに置いておいて、必要になったそのタイミングで 1 度だけ計算をしたい」みたいなことが、integrate ではできないのです。

一方、Integral では、計算のタイミングをこちらが好きなように指定できるので、無駄なく必要な瞬間だけ計算をおこなうことができます。このように、あえてすぐに計算をおこなわず、必要になった瞬間に計算をおこなう方法を、**遅延評価** (Lazy evaluation) と呼びます。

さらには、「不定積分そのものは保持しておきたいが、その結果を具体的に求めたいというわけではない」ような場合も、Integral インスタンスをそのままにしておくという方法で実現ができます。

2つ目のメリットも、ここまで来ると自ずとわかります。例えば、先に出てきた対数積分

$$\int \frac{1}{\log x} dx$$

は、初等関数を使って計算結果を表すことができないのでした。もしも、integrate をつかってこの不定積分を計算しようと試みたとき、「これは初等関数を使って表せない！」という意味で「計算エラーを出力する」という仕様にもしなっていたとしたら、SymPy はこの対数積分を取り扱うことは端からできなくなってしまいます。

しかし、さきほどにも見たように「Integral インスタンスを返す」ことにより、「具体的な計算結果を求めるかどうかはさておき、とりあえず不定積分自体を保持して取り扱う」ことはできるようになります。これによって、「初等関数で表せない」不定積分を無理なく SymPy では扱うことができるんですね。

対数積分を計算した結果返される Integral インスタンスで、**doit メソッド**を呼び出してみましょう。

```
from sympy import *        #sympy のインポート
x = symbols("x")           #symbols 文で未知変数の宣言

g = 1/log(x)               #式 g を定義
li = integrate(g, x)       #integrate で、式 g を x で不定積分
li.doit()                  #doit で、不定積分の実際の答を計算
```

▶ $\mathrm{li}(x)$

図 6.24　対数積分の doit メソッド。

対数積分は初等関数で表すことができなかったので、まぁ、やっぱりという感じでなにも起こらず相変わらず Integral インスタンスが返ってきましたね。微分においては、Integral インスタンスに対応するものとして **Derivative インスタンス**があります。合わせて知っておくとよいでしょう。

この節では、不定積分の計算について述べてきました。不定積分ともう一種類の「定積分」は、関数の値をある区間で連続的に足し合わせた値を求める演算なのですが、定積分が数値的な演算であることに対して、不定積分は原始関数の形を求める演算なので、代数的な演算であるといえます。

本書では定積分については詳しく扱いませんが、定積分については数値的に定積分の値を求める様々な数値計算アルゴリズムが知られています。しかしながら、不定積分についてはそもそもが代数的な形（文字が含まれた形）で原始関数を求めるという演算な

ので、通常はプログラミング言語を使ってサクッと計算ということはできないのです。しかし、

SymPy を使えば不定積分もらくらく

というところは、やはり大きな価値があるでしょう。

確かに不定積分は、すでに述べたとおり対数積分のような単純な関数でも、すぐにその結果が初等関数では表せなくなったりなど、思い通りに計算結果を求められないことも多いものです。しかし、これはプログラミング言語の計算能力によるものというよりも、そもそも不定積分を求めるということが非常に難しいということが原因であると考えるべきです。

第 7 章

線形代数の計算をしてみよう。

線形代数とは、ざっくり言えばベクトル、行列 index ぎょうれつ@行列に関する計算を行う理論のことを言います。もしかしたら「なんとなく高校時代あたりに習ったような気もする」という方もいらっしゃるかもしれませんが、線形代数はいまいち「何のためにやっているのかよぐわからない数学的理論の代表格」として語られがちな理論です。

しかし、実はこの線形代数、微分と並んで数学における重要な理論の 2 大巨頭とも呼ばれるほどに重要な理論なんですよ。事実、昨今流行りまくっている機械学習なんかをやっていると、線形代数は「日用語」のようにゴリゴリと使われます。線形代数を苦手とする人は多いのですが、使いこなせるようになったときのご利益といったら、簡単には語りきれないほどに巨大なのです。

そういえば、最近、高校の学習指導要領から「行列」が消えてしまったのですよね。機械学習などがこれだけ台頭しているこの時代に、行列という超重要トピックが高校で学ぶカリキュラムから消えてしまうというのは、何だかちょっとばかし辛いことだなぁと著者は思っています。ですからこの章で、「この世の中を渡り歩くのに必要最低限の線形代数の知識」をぜひサクッと習得してみてください。

7.1　ベクトル

「数字を縦方向に並べたもの」のことをベクトルと呼びます。例えば、以下のようなものはすべて「ベクトル」です。

$$\begin{pmatrix} -1 \\ 0 \end{pmatrix}, \quad \begin{pmatrix} 1 \\ 2 \\ 3 \end{pmatrix}, \quad \begin{pmatrix} \sqrt{2} \\ \pi \\ e \\ \sqrt{3} \end{pmatrix}$$

ベクトルの定義はこれだけです。とても簡単ですね。

並んでいる数字の個数を、ベクトルの次元（dimension）と呼びます[*1]。先の例のベクトルは、

$$\underbrace{\begin{pmatrix} -1 \\ 0 \end{pmatrix}}_{2\text{ 次元}}, \quad \underbrace{\begin{pmatrix} 1 \\ 2 \\ 3 \end{pmatrix}}_{3\text{ 次元}}, \quad \underbrace{\begin{pmatrix} \sqrt{2} \\ \pi \\ e \\ \sqrt{3} \end{pmatrix}}_{4\text{ 次元}}$$

です。また、ベクトルの（上から数えて）i 番目の数をベクトルの第 i 成分（i -th component）と呼びます。例えば、

$$\begin{pmatrix} 1 \\ 2 \end{pmatrix}$$

の第 1 成分は 1 , 第 2 成分は 2 です。

数値に名前をつけるときと同じように、ベクトルにも名前をつけて扱うことが非常に

[*1] 本当はもっと厳密な定義があるのですが、本書ではそこには踏み入らないことにします。気になる！という方は線形代数の純粋な教科書をご参照をば。

多いものです。例えば、

$$\boldsymbol{u} = \begin{pmatrix} -1 \\ 0 \end{pmatrix}, \quad \boldsymbol{v} = \begin{pmatrix} 1 \\ 2 \\ 3 \end{pmatrix}, \quad \boldsymbol{w} = \begin{pmatrix} \sqrt{2} \\ \pi \\ e \\ \sqrt{3} \end{pmatrix}$$

のような感じです。このとき気をつけなければならないこととして、ベクトルには太字で名前をつけるという慣習がある[*2]ことです。例えば、

$$u = \begin{pmatrix} -1 \\ 0 \end{pmatrix}$$

というように細字の u という名前をつけても数学的には全く問題はないのですが、「ベクトルは太字」という慣習とは外れてしまいますので、あまりおすすめはしません。

さて、ここまで喋ったところで、… ん？と感じた方もいらっしゃるかもしれません。というのも、高校数学などではベクトルは「向きと大きさを持つ量」すなわち「矢印（有向線分）」のことであると解説されることが多いからです。が、本書では、

ベクトルとは数字を並べたもの

という立場で話を進めていきます。

しかし、時に

ベクトルを（数字の並びとしてではなく）矢印として捉える

ことが必要になることもあります。というのも、ベクトルは以下のような発想によって「矢印（有向線分）」と同一視することができます。例えば、

$$\boldsymbol{u} = \begin{pmatrix} 1 \\ 2 \end{pmatrix}$$

というベクトルは、第 1 成分を x 方向の変分、第 2 成分を y 方向の変分とした、始点が原点と一致する矢印（有向線分）と一対一に対応しますね。

[*2] まぁ、プログラムの中でベクトルを扱うときは、そもそも「太字」という概念がないのでこれは当てはまらないのですけどね。例えば手計算や論文、書籍などでは、「ベクトルは太字」という約束を守っておくのが無難かと思います。

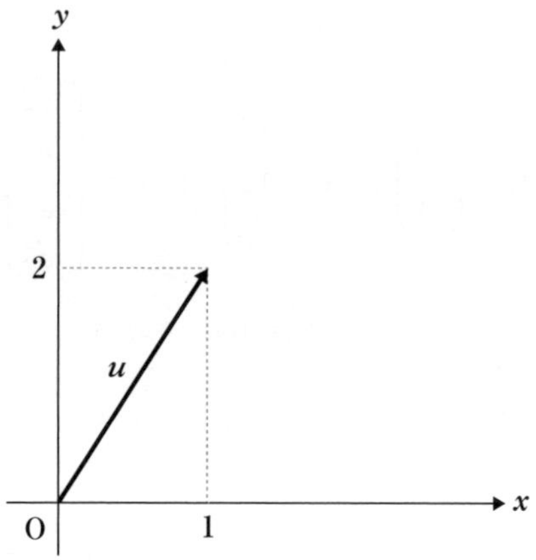

図 7.1　ベクトルの有向線分との同一視。

2 次元ベクトルの場合はこのような発想で xy 平面上の有向線分と同一視できますし、3 次元ベクトルの場合は、第 1,2,3 成分を順番に x 、 y 、 z 方向の変位に対応させて、xyz 空間上の始点が原点と一致する矢印（有向線分）と一対一に対応します。

ベクトルはこのように、「数字の並び」という側面と「矢印（有向線分）」としての側面を持つわけですが、本書では基本的に「数字の並び」というのがベクトルの本質であると考えます[*3]。「矢印」として捉えるのは、あくまで「そのほうが都合がいいとき」に限ることにしましょう。

7.2　ベクトルの和とスカラー倍

さて、ここまででベクトルの定義が済んだので、ベクトルの基本的な演算をおさえましょう。数学では、新たな概念を考えだしたときに往々にして演算をセットで考えます。演算を考えることで、様々な理論や操作をきわめて明快に記述することができます。

ベクトルとベクトルの和 (sum) は、 対応する成分同士の和により定義されます。例えば、

*3 なぜなら、矢印（有向線分）であると考えると、4 次元以上のベクトルのイメージが一気につかみにくくなるんですよ。人間の脳は、3 次元空間までしか想像できないようになっていますから。それに対して、「ベクトルって単に数字が並んだものだよね」というドライな考え方に立てば、4 次元だろうが 5 次元だろうが、「4 つの数が並んだもの」「5 つの数が並んだもの」というふうに何の違和感もなく捉えられます。

$$\boldsymbol{u} = \begin{pmatrix} 1 \\ 2 \end{pmatrix}, \ \boldsymbol{v} = \begin{pmatrix} -3 \\ 1 \end{pmatrix}$$

とするとき、

$$\boldsymbol{u} + \boldsymbol{v} = \begin{pmatrix} 1 \\ 2 \end{pmatrix} + \begin{pmatrix} -3 \\ 1 \end{pmatrix} = \begin{pmatrix} 1 + (-3) \\ 2 + 1 \end{pmatrix} = \begin{pmatrix} -2 \\ 3 \end{pmatrix} \qquad \square$$

というふうに和 $\boldsymbol{u} + \boldsymbol{v}$ を計算します。まぁ、簡単ですね。3 次元以上のベクトルでも同様です[*4]。

次に、ベクトルのスカラー倍（scaler multiple）は、すべての成分のスカラー倍により定義されます。スカラー[*5]とは、いわば「普通の数字」のことであり、とりあえず「実数」のことだと考えれば差し支えありません。例えば、

$$\boldsymbol{u} = \begin{pmatrix} 1 \\ 2 \end{pmatrix}, \quad c = -3$$

とするとき、スカラー倍 $c\boldsymbol{u}$ は、

$$c\boldsymbol{u} = -3\boldsymbol{u} = -3\begin{pmatrix} 1 \\ 2 \end{pmatrix} = \begin{pmatrix} -3 \times 1 \\ -3 \times 2 \end{pmatrix} = \begin{pmatrix} -3 \\ -6 \end{pmatrix}$$

というふうに計算します。

この和とスカラー倍が、ベクトルに定義される最も基本的かつ本質的な演算です。

7.3 NumPy

さて、いつものように和とスカラー倍を Python で計算してみようという話になるわけですが、実は線形代数の様々な演算に関しては、NumPy[*6] という非常に高機能かつ軽量なモジュールが広く使われています[*7]。実はこの NumPy を使えば、ベクトルの和と

*4 ちなみに、和は「次元が同じ 2 つのベクトル」においてしか計算ができないということに注意してください。

*5 実はベクトルのスカラー倍は、ベクトルを矢印として捉えると、「矢印の伸縮」に対応しています。伸縮、つまりスケールです。実数は「ベクトルをスケールさせるもの」、つまりスケーラー (scaler)、これが「スカラー」と呼ばれるようになったというのが「スカラー」という言葉の語源です。

*6 NumPy：なむぱいと読みます。

*7 SymPy よりもずっと広く使われています。

スカラー倍は非常に簡単に計算できます。以下でやってみましょう。

```
import numpy as np #numpy を np という名前でインポート
c = -3              #c に-3 を代入

u = np.array([      #np.array でベクトル u を定義
            [1],
            [2]
])

v = np.array([      #np.array でベクトル v を定義
            [-3],
            [1]
])

u = np.array([      #np.array でベクトル u を定義
            [1],
            [2]
])

v = np.array([      #np.array でベクトル v を定義
            [-3],
            [1]
])

u + v             #ベクトルの和 u+v を計算
```

```
  array([[-2],
▶        [ 3]])
```

```
c*u               #続けて、ベクトルのスカラー倍 cu を計算
```

```
  array([[-3],
▶        [-6]])
```

図 7.2 NumPy による和とスカラー倍の計算。

こんなふうに、和もスカラー倍も簡単に計算することができてしまいます。

さて、こうなると、別に広く使われている NumPy を使えばよいのではないか？ SymPy をわざわざ使う理由は？ということが疑問になってきます。その利点を述べて

おくと、なんといっても **NumPy は代数的計算を行うことができないが、SymPy ではそれが可能である**ということが結論となるでしょう。例えば、以下のような「成分に文字を含むベクトル」を考えてみます。

$$\boldsymbol{u} = \begin{pmatrix} a \\ b \end{pmatrix}, \quad \boldsymbol{v} = \begin{pmatrix} c \\ d \end{pmatrix}$$

このベクトル $\boldsymbol{u}$, $\boldsymbol{v}$ の和を計算すると、

$$\boldsymbol{u} + \boldsymbol{v} = \begin{pmatrix} a \\ b \end{pmatrix} + \begin{pmatrix} c \\ d \end{pmatrix} = \begin{pmatrix} a + c \\ b + d \end{pmatrix}$$

となりますが、NumPy にはこのような**文字を含む計算（代数的計算）**をおこなう機能はありません。ですが、SymPy はこのような文字を含む計算こそが得意分野だったので、このようなベクトルの和も問題なく計算することができます。やってみましょう。**Matrix** を使います。

```
from sympy import * #sympy のインポート
                    #symbols 文で未知変数の宣言
a, b, c, d = symbols("a b c d")

u = Matrix([        #Matrix でベクトル u を定義
            [a],
            [b]
])

v = Matrix([        #Matrix でベクトル v を定義
            [c],
            [d]
])

u + v               #ベクトルの和 u+v を計算
```

▶ $\begin{bmatrix} a + c \\ b + d \end{bmatrix}$

図 7.3　SymPy による和とスカラー倍の計算。

さくっと計算してくれましたね。スカラー倍についても同様にできます。

代数的計算をおこなう必要がない場面では、正直なところ SymPy よりも NumPy を

使うべきです。その理由としては、

- NumPy のほうが世界的に非常に広く使われている。
- NumPy のほうが計算処理が非常に軽量である（コンピュータに負荷がかからない)。

しかしながら、このように広く用いられている NumPy ですらできない代数的計算を、いとも簡単にしてしまう環境が SymPy という形で与えられていることは、とても大きな価値があることだともその一方で言えるでしょう。本章では、線形代数の様々な演算を「文字を含む形で」色々と試し、習熟していくことを目標とします。

7.4 ベクトルの内積

ベクトル $\boldsymbol{u} = \begin{pmatrix} u_1 \\ u_2 \end{pmatrix}, \boldsymbol{v} = \begin{pmatrix} v_1 \\ v_2 \end{pmatrix}$ に対して、内積 (inner product) $\boldsymbol{u} \cdot \boldsymbol{v}$ を以下のように定義します。

$$\boldsymbol{u} \cdot \boldsymbol{v} = u_1 v_1 + u_2 v_2 \qquad \square$$

これは要するに、「第 1 成分」どうし、「第 2 成分」どうし、というふうに対応する成分同士をかけて足す（積和）という演算を表すわけですが、とりあえずいちど計算をしてイメージを掴んでみましょう。たとえば、ベクトル $\boldsymbol{u}, \boldsymbol{v}$ を以下のように定義します。

$$\boldsymbol{u} = \begin{pmatrix} 1 \\ 2 \end{pmatrix}, \quad \boldsymbol{v} = \begin{pmatrix} 3 \\ 4 \end{pmatrix} \qquad \square$$

このベクトル $\boldsymbol{u}, \boldsymbol{v}$ の内積 $\boldsymbol{u} \cdot \boldsymbol{v}$ は、

$$\boldsymbol{u} \cdot \boldsymbol{v} = 1 \times 3 + 2 \times 4 = 9 \qquad \square$$

となります。内積の計算結果はスカラーとなることに要注意です。また、2 次元ベクトルだけではなく 3 次元以上のベクトルでも、内積の計算は同じように「対応する成分同士の積和」によっておこないます。

実際に SymPy を使って、ベクトルの内積を計算してみましょう。ベクトルの内積は dot メソッドを使います。

```
from sympy import * #sympy のインポート
                    #symbols 文で未知変数の宣言
a, b, c, d = symbols("a b c d")

u = Matrix([        #ベクトル u を定義
            [a],
            [b]
])

v = Matrix([        #ベクトル v を定義
            [c],
            [d]
])

u.dot(v)            #ベクトルの内積 u・v を計算
```

▶ $ac + bd$

図 7.4　SymPy による内積の計算。

ベクトルの内積は、順序を交換しても値が変わりません。すなわち、任意のベクトル $\boldsymbol{u}, \boldsymbol{v}$ について、

$$\boldsymbol{u} \cdot \boldsymbol{v} = \boldsymbol{v} \cdot \boldsymbol{u}$$

が成り立ちます（まぁ、これは内積の定義から明らかですね）。

さて … これで「内積」の計算自体はできるようになったわけですが、この辺でおのずと次のような疑問が湧いてくることと思います。

で、この内積が計算できて何が嬉しいのよ？

この疑問が湧くことは至って自然なことです。が、高校数学あたりでは、「はい、内積は対応する成分同士の積和ですよ～。覚えてくださいね～。」くらいの感じで誤魔化されてしまうこともいっぽうで事実だったりします。

この「内積」、実は明確に「こういう意味の演算です！」「こういうことの役に立ちま

す！」ということを一言で説明するのが難しいんですよ。ですが、極めて様々なことの役に立つというのも間違いないことでもあります。本書でそのあたりをグイグイ突き詰めすぎるときりがないところではありますが、以下に内積の計算のご利益を軽く列挙してみようと思います。

- **機械学習で現れる様々な計算ときわめて相性がよい。**
  内積は、機械学習で現れる様々な計算を記述するのに極めて有用であることがよく知られています。最たる例としては、今流行りのディープラーニングにおいて頻繁に現れる順伝播計算 (forward propagation) などが挙げられます。内積を用いらずに順伝播計算の式を書くと、

  $$w_0 + w_1x_1 + w_2x_2 + \cdots + w_nx_n$$

  と長ったらしい式を書かなければならないところ、ベクトルの内積を使えば、

  $$\boldsymbol{x} = \begin{pmatrix} 1 \\ x_1 \\ x_2 \\ \vdots \\ x_n \end{pmatrix}, \quad \boldsymbol{w} = \begin{pmatrix} w_0 \\ w_1 \\ w_2 \\ \vdots \\ w_n \end{pmatrix}$$

  とおいて、

  $$\boldsymbol{w} \cdot \boldsymbol{x}$$

  と大変シンプルに表すことができます。このような例は順伝播計算に限らず非常に多いのです。

- **次元によらない式の表現が得られる。**
  さきほどの話の続きになりますが、例えば

  $$w_0 + w_1x_1 + w_2x_2 + \cdots + w_nx_n$$

  という式で、w_{n+1} 、 x_{n+1} が諸般の事情によって増えてしまったとしましょう。このとき、わざわざ式を

  $$w_0 + w_1x_1 + w_2x_2 + \cdots + w_nx_n + w_{n+1}x_{n+1}$$

というふうに書き換える必要性がどうしても生じてしまいます。例えば、Python でこの式の計算を行うプログラムを書いていたとすると、プログラム中のすべての数式を書き直したり、あるいは、w 、x の個数に応じたすべてのパターンの計算プログラムを作る必要が生じてしまうのです。これは、やってみるとわかりますがめちゃくちゃ効率が悪く、現実的ではありません。しかし、ベクトルの内積を使えば、ベクトルの成分をひとつ足して（これはそんなに面倒なことではありません）、

$$\boldsymbol{x} = \begin{pmatrix} 1 \\ x_1 \\ x_2 \\ \vdots \\ x_n \\ x_{n+1} \end{pmatrix}, \quad \boldsymbol{w} = \begin{pmatrix} w_0 \\ w_1 \\ w_2 \\ \vdots \\ w_n \\ w_{n+1} \end{pmatrix}$$

としてしまえば、計算式は $\boldsymbol{w} \cdot \boldsymbol{x}$ となり、全く形が変わらないのです。このような「次元によらない（すなわち、数値の個数が増えたり減ったりしても変わらない）式の形」が得られることが、実は様々な計算において極めて大きなご利益をもたらすのです。

- **ベクトルの類似度を測ることができる。**
  詳細な解説は省きますが、ベクトルの内積は、ベクトル同士がどのくらい「似ている」か、すなわち「類似度」を表すことが知られています。実際、ベクトルを矢印と考えたときに、
  - 内積が最小値をとる $\Longleftrightarrow$ ベクトルが完全に逆向き。
  - 内積が 0 $\Longleftrightarrow$ ベクトルが直交 (直角に交わる)。
  - 内積が最大値を取る $\Longleftrightarrow$ ベクトルが完全に同じ向き。

  となります。

このように、内積という「一見」よくわからない演算を定義することで、内積がもたらす様々なご利益を享受できることが、様々な先人たちによって立証されているので、内積は定義しておくに越したことはない！ということが言えるのです。まぁ、ちょっと天下り的といえば天下り的ですが、とりあえずここではこんな感じで納得しておいてもよいのではないでしょうか。

7.5 ベクトルのノルム

ベクトル $\boldsymbol{u} = \begin{pmatrix} u_1 \\ u_2 \end{pmatrix}$ のノルム (norm) は、以下のように定義されます。

$$\|\boldsymbol{u}\| = \sqrt{u_1^2 + u_2^2} \qquad \square$$

例えば、 $\boldsymbol{u} = \begin{pmatrix} 1 \\ 2 \end{pmatrix}$ に対して、ノルム $\|\boldsymbol{u}\|$ は、

$$\|\boldsymbol{u}\| = \sqrt{1^2 + 2^2} = \sqrt{5}$$

となります。3 次元以上のベクトルについても同じで、すべての成分の 2 乗の和をとり、最後にルートをとります。

はて、内積と同じでこちらもよくわかりませんね。しかし、このノルムの正体は、ベクトルを矢印として捉えると明快に見えてきます。 $\boldsymbol{u} = \begin{pmatrix} a \\ b \end{pmatrix}$ を考えましょう。このベクトル $\boldsymbol{u}$ を矢印として 2 次元平面上に書いてみます。

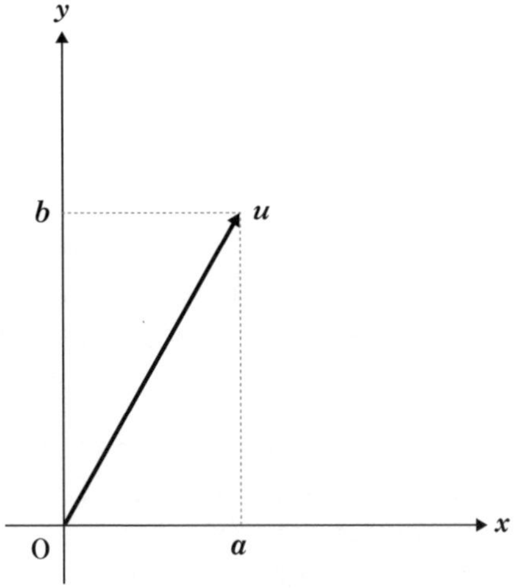

図 7.5 ベクトルを平面上にプロット。

さて、この矢印（ベクトル $\boldsymbol{u}$）の**長さ**を測りたいということを考えてみましょう[*8]。「長さ」ですよ。「長さ」[*9]。この長さは、中学校で出てくる**三平方の定理**を思い出すと計算ができます。せっかくなので、再掲します。

三平方の定理

以下のような直角三角形について、以下の式が成り立つ。

$$a^2 + b^2 = c^2$$

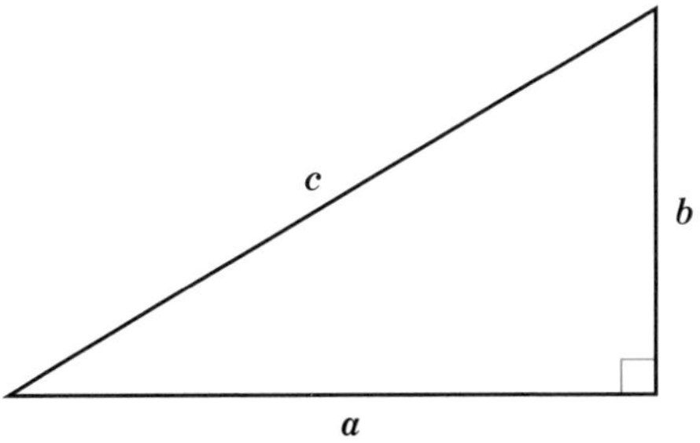

さきほどのベクトル $\boldsymbol{u}$ を平面上にプロットした図を思い出すと、ベクトル $\boldsymbol{u}$ を斜辺とする直角三角形が見えます。三平方の定理を使えば、このベクトルの長さは $\sqrt{a^2 + b^2}$ であることがわかります。

*8 定規をあてて測るとかそういうことではなく。

*9 このへんでベクトルそのものと長さの区別がつかなくなる人がちょいちょい現れるのですが、ベクトルそのものと、そのベクトルの長さは全くの別物ですからね。例えばあなたの目の前に 15cm の鉛筆 p が落ちているとしたら、この鉛筆そのものは p、この鉛筆の長さは 15cm です。

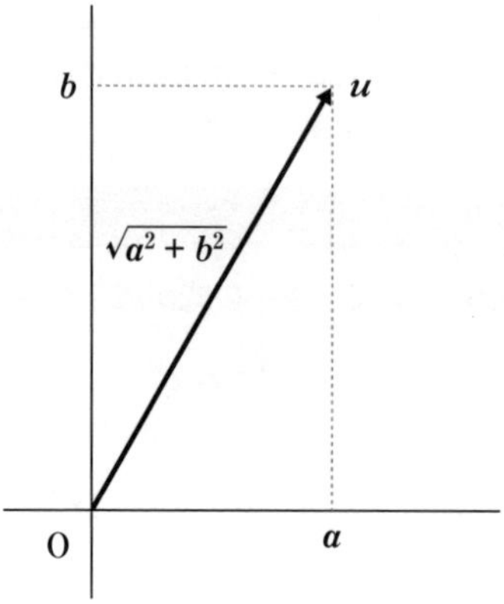

図 7.6　ベクトル $\boldsymbol{u}$ の長さを計算。

このように計算したベクトル $\boldsymbol{u}$ の長さを $\|\boldsymbol{u}\|$ と表し、ベクトル $\boldsymbol{u}$ のノルムと呼んでいるわけです。

$$\|\boldsymbol{u}\| = \sqrt{a^2 + b^2} \qquad \square$$

ベクトルのノルムを SymPy で計算してみましょう。SymPy でベクトルのノルムを計算するには、norm を使います。文字を成分としてもつベクトルに対しても、さくっとノルムを計算してくれていますね。

```
from sympy import *     #sympy のインポート
a, b = symbols("a b")  #symbols 文で未知変数の宣言

u = Matrix([            #ベクトル u を定義
            [a],
            [b]
])

u.norm()                #norm で、ベクトル u のノルムを計算
```

▶ $\sqrt{|a|^2 + |b|^2}$

図 7.7　ベクトルのノルムを SymPy で計算。

7.6 L^p ノルム

さきほどみたベクトルのノルムは以下のような形をしていました。

$$\|\boldsymbol{u}\| = \sqrt{u_1^2 + u_2^2}$$

このノルムは、以下のように書き方を変えても全く同じ意味ですね。

$$\|\boldsymbol{u}\| = \left(|u_1|^2 + |u_2|^2\right)^{\frac{1}{2}}$$

すなわち、ノルムは「成分の（絶対値の）2 乗の和の $\frac{1}{2}$ 乗」のことであると捉えることができるわけですが、これを拡張して以下の L^p ノルムを定義できます。

L^p ノルム

ベクトル $\boldsymbol{u} = \begin{pmatrix} u_1 \\ u_2 \end{pmatrix}$ に対して、

$$\|\boldsymbol{u}\|_p = (|u_1|^p + |u_2|^p)^{\frac{1}{p}}$$

と定義し、ベクトル $\boldsymbol{u}$ の L^p ノルムと呼ぶ（p は自然数）。

例えば $p = 1$ のとき、L^p ノルムは、

$$\|\boldsymbol{u}\|_1 = \left(|u_1|^1 + |u_2|^1\right)^{\frac{1}{1}} = |u_1| + |u_2|$$

となります（L^1 ノルム）。

また、最初に見たノルムは、実は L^p ノルムにおいて $p = 2$ の場合のノルム（L^2 ノルム）に相当することがわかります。

このように L^p ノルムという一般的なノルムを考えることにより、我々はベクトルの「長さ」を測る尺度を自由自在に変えることができます。いわば、ベクトルにあてる定規の種類を、p の値を変えることにより様々に変えて、その場その場に応じた都合のよい長さの測り方を選ぶことができるようになるのです。

様々な L^p ノルムは、SymPy を使って簡単に計算できます。L^p ノルムは norm において **ord オプション**を指定して計算します。

```
from sympy import *     #sympy のインポート
a, b = symbols("a b")   #symbols 文で未知変数の宣言
```

```
u = Matrix([                 #行列 u を定義
            [a],
            [b]
])

u.norm(ord = 1)              #norm で L^1 ノルムを計算
```

$$\blacktriangleright\ |a| + |b|$$

```
u.norm(ord = 2)              #続けて、L^2 ノルムを計算（従来のノルム）
```

$$\blacktriangleright\ \sqrt{|a|^2 + |b|^2}$$

```
u.norm(ord = 3)              #続けて、L^3 ノルムを計算
```

$$\blacktriangleright\ \sqrt[3]{|a|^3 + |b|^3}$$

図 7.8　L^p ノルムを SymPy で計算 ($p = 1, 2, 3$)。

7.7　行列

数値が縦横方向にならんだものを 行列 (matrix) と呼びます。例えば、以下の例はすべて行列です。

$$\begin{pmatrix} 1 & 2 \\ 3 & 4 \end{pmatrix}, \quad \begin{pmatrix} 1 & -1 & 1 \\ -1 & 1 & -1 \end{pmatrix}, \quad \begin{pmatrix} 1 & \frac{1}{2} \\ 2 & 1 \\ 3 & \frac{3}{2} \end{pmatrix}$$

行列の「行（row)」「列（column)」という言葉を以下のように定義します。

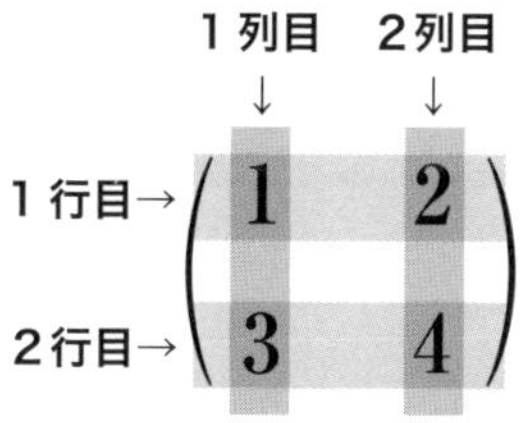

図 7.9　「行（row）」「列（column）」の定義

n 行、m 列でできている行列を $n \times m$ 行列と呼びます。そして、i 行目、j 列目に位置する数値をその行列の (i, j) 成分と呼びます。例えば、

$$\begin{pmatrix} 1 & 2 & 3 \\ 4 & 5 & 6 \end{pmatrix}$$

という行列は 2×3 行列であり、この行列の (2, 1) 成分はと聞かれたら 4、(2, 3) 成分はと聞かれたら 6 ですね。

行数と列数が等しい、すなわち $n \times n$ 行列のことを n 次正方行列 (square matrix) と呼びます。

また、正方行列について、(1, 1) 成分、(2, 2) 成分のような (i, i) 成分のことを対角成分 (diagonal component) と呼びます。

行列にもベクトルと同様にアルファベットなどによって名前をつけることがよくあります。この際気をつけるべきこととして、行列につける名前は大文字とすることが通例です[*10]。

$$A = \begin{pmatrix} 1 & 2 \\ 3 & 4 \end{pmatrix}, \quad B = \begin{pmatrix} 1 & -1 & 1 \\ -1 & 1 & -1 \end{pmatrix}, \quad C = \begin{pmatrix} 1 & \frac{1}{2} \\ 2 & 1 \\ 3 & \frac{3}{2} \end{pmatrix}$$

という感じに行列には名前をつけることを覚えておきましょう。

[*10] まれに、大文字の太字とかを見ますが、一般的な流儀ではない気がします。

7.8 様々な種類の行列

いくつかの特殊な形をした行列には特に名前ついています。いくつかご紹介しましょう。

対角成分以外がすべてゼロであるような正方行列を 対角行列 (diagonal matrix) と呼びます。すなわち、以下のような形の行列はすべて対角行列です。

$$\begin{pmatrix} 1 & 0 & 0 \\ 0 & 2 & 0 \\ 0 & 0 & 3 \end{pmatrix}, \quad \begin{pmatrix} -1 & 0 \\ 0 & 1 \end{pmatrix}, \quad \begin{pmatrix} \pi & 0 & 0 & 0 \\ 0 & e & 0 & 0 \\ 0 & 0 & \sqrt{2} & 0 \\ 0 & 0 & 0 & \sqrt{5} \end{pmatrix}$$

対角行列は種々の行列の中でも特にシンプルな形をしているのみならず、非常に様々な場面で現れるので、とても重要な行列であるといえます。

さらに、対角行列の中で特に対角成分がすべて等しい、すなわち

$$\begin{pmatrix} 1 & 0 & 0 \\ 0 & 1 & 0 \\ 0 & 0 & 1 \end{pmatrix}, \quad \begin{pmatrix} 2 & 0 \\ 0 & 2 \end{pmatrix}, \quad \begin{pmatrix} 3 & 0 & 0 & 0 \\ 0 & 3 & 0 & 0 \\ 0 & 0 & 3 & 0 \\ 0 & 0 & 0 & 3 \end{pmatrix}, \cdots$$

のような形をした行列を スカラー行列 (scaler matrix) と呼びます。さらに、スカラー行列のうち特に対角成分がすべて 1 であるものを、 単位行列 (elementary matrix) と呼び、 E と表します[*11] 。

また、すべての成分がゼロであるような正方行列、すなわち

$$\begin{pmatrix} 0 & 0 & 0 \\ 0 & 0 & 0 \\ 0 & 0 & 0 \end{pmatrix}$$

を特に 零行列 (zero matrix) と呼び、 O と表します[*12] 。

[*11] 特に n 次正方行列であるような単位行列を E_n と表すことがあります。

[*12] E のときと同様に、n 次正方行列であるような零行列を O_n と表すことがあります。

さらに、すべての成分が 1 であるような正方行列、すなわち、

$$\begin{pmatrix} 1 & 1 & 1 \\ 1 & 1 & 1 \\ 1 & 1 & 1 \end{pmatrix}$$

を特に **全 1 行列** (all one matrix) と呼びます。

SymPy ではこれらの特別な行列を簡単に定義できます。例えば次の対角行列

$$A = \begin{pmatrix} 1 & 0 & 0 \\ 0 & 2 & 0 \\ 0 & 0 & 3 \end{pmatrix}$$

を真面目に定義しようとすると、以下のようにひとつずつすべての成分を入力しなければなりません。

```
A = Matrix([            #行列 A を定義
              [1,0,0],
              [0,2,0],
              [0,0,3]
])
```

図 7.10　真面目に定義しようとすると面倒。

しかし、対角行列を定義する **diag** を使えば、図 7.12 のように簡単に定義をすることができます。

```
from sympy import * #sympy のインポート
A = diag(1, 2, 3)   #diag で対角行列 A を定義

A                   #行列 A を表示
```

▶ $\begin{bmatrix} 1 & 0 & 0 \\ 0 & 2 & 0 \\ 0 & 0 & 3 \end{bmatrix}$

図 7.11　diag で簡単に対角行列を定義。

また、単位行列は **eye** を使うとさらに簡単に定義できます。例えば、10 次単位行列を定義してみましょう（図 7.12)。

```
from sympy import * #sympyのインポート
E = eye(10)         #eyeで単位行列を定義

E                   #行列Eを表示
```

▶ $$\begin{bmatrix} 1 & 0 & 0 & 0 & 0 & 0 & 0 & 0 & 0 & 0 \\ 0 & 1 & 0 & 0 & 0 & 0 & 0 & 0 & 0 & 0 \\ 0 & 0 & 1 & 0 & 0 & 0 & 0 & 0 & 0 & 0 \\ 0 & 0 & 0 & 1 & 0 & 0 & 0 & 0 & 0 & 0 \\ 0 & 0 & 0 & 0 & 1 & 0 & 0 & 0 & 0 & 0 \\ 0 & 0 & 0 & 0 & 0 & 1 & 0 & 0 & 0 & 0 \\ 0 & 0 & 0 & 0 & 0 & 0 & 1 & 0 & 0 & 0 \\ 0 & 0 & 0 & 0 & 0 & 0 & 0 & 1 & 0 & 0 \\ 0 & 0 & 0 & 0 & 0 & 0 & 0 & 0 & 1 & 0 \\ 0 & 0 & 0 & 0 & 0 & 0 & 0 & 0 & 0 & 1 \end{bmatrix}$$

図 7.12　eyes で簡単に単位行列を定義。

零行列は **zeros** を使うと簡単に定義できます（図 7.13）。
全 1 行列は **ones** を使うと簡単に定義できます（図 7.14）。

```
from sympy import * #sympyのインポート
O = zeros(10)       #zerosで零行列を定義

O                   #行列Oを表示
```

▶ $$\begin{bmatrix} 0 & 0 & 0 & 0 & 0 & 0 & 0 & 0 & 0 & 0 \\ 0 & 0 & 0 & 0 & 0 & 0 & 0 & 0 & 0 & 0 \\ 0 & 0 & 0 & 0 & 0 & 0 & 0 & 0 & 0 & 0 \\ 0 & 0 & 0 & 0 & 0 & 0 & 0 & 0 & 0 & 0 \\ 0 & 0 & 0 & 0 & 0 & 0 & 0 & 0 & 0 & 0 \\ 0 & 0 & 0 & 0 & 0 & 0 & 0 & 0 & 0 & 0 \\ 0 & 0 & 0 & 0 & 0 & 0 & 0 & 0 & 0 & 0 \\ 0 & 0 & 0 & 0 & 0 & 0 & 0 & 0 & 0 & 0 \\ 0 & 0 & 0 & 0 & 0 & 0 & 0 & 0 & 0 & 0 \\ 0 & 0 & 0 & 0 & 0 & 0 & 0 & 0 & 0 & 0 \end{bmatrix}$$

図 7.13　zeros で簡単に零行列を定義。

```
from sympy import * #sympyのインポート
A = ones(10)        #onesで全1行列を定義

A                   #行列Aを表示
```

$$
\begin{bmatrix}
1 & 1 & 1 & 1 & 1 & 1 & 1 & 1 & 1 & 1 \\
1 & 1 & 1 & 1 & 1 & 1 & 1 & 1 & 1 & 1 \\
1 & 1 & 1 & 1 & 1 & 1 & 1 & 1 & 1 & 1 \\
1 & 1 & 1 & 1 & 1 & 1 & 1 & 1 & 1 & 1 \\
1 & 1 & 1 & 1 & 1 & 1 & 1 & 1 & 1 & 1 \\
1 & 1 & 1 & 1 & 1 & 1 & 1 & 1 & 1 & 1 \\
1 & 1 & 1 & 1 & 1 & 1 & 1 & 1 & 1 & 1 \\
1 & 1 & 1 & 1 & 1 & 1 & 1 & 1 & 1 & 1 \\
1 & 1 & 1 & 1 & 1 & 1 & 1 & 1 & 1 & 1 \\
1 & 1 & 1 & 1 & 1 & 1 & 1 & 1 & 1 & 1
\end{bmatrix}
$$

図 7.14　ones で簡単に全 1 行列を定義。

7.9 行列の和とスカラー倍

ベクトルと同様に、行列にも和とスカラー倍が定義できます。定義の仕方は単純で、ベクトルの場合と全く同じく、**成分ごとの和／各成分のスカラー倍**により 2 つの演算を定義します。すなわち、

$$A = \begin{pmatrix} a_{11} & a_{12} \\ a_{21} & a_{22} \end{pmatrix}, \quad B = \begin{pmatrix} b_{11} & b_{12} \\ b_{21} & b_{22} \end{pmatrix}$$

という 2 つの行列 (と、スカラー c) を例として考えると、

$$A + B = \begin{pmatrix} a_{11} + b_{11} & a_{12} + b_{12} \\ a_{21} + b_{21} & a_{22} + b_{22} \end{pmatrix}, \quad cA = \begin{pmatrix} ca_{11} & ca_{12} \\ ca_{21} & ca_{22} \end{pmatrix}$$

ということです。行列の和については、サイズが同じベクトルの場合と全く同じなので、そんなに混乱することはなさそうですね。

行列の和とスカラー倍は以下のように簡単に計算ができます。なお、ここでのサイズ[*13]とは、行数と列数のことを合わせたものです。

```
from sympy import *                  #sympy のインポート
a, b, c, d = symbols("a b c d")  #symbols 文で未知変数の宣言
e, f, g, h = symbols("e f g h")  #symbols 文で未知変数の宣言
k = symbols("k")                     #symbols 文で未知変数の宣言

A = Matrix([          #行列 A を定義
         [a,b],
         [c,d]
])
B = Matrix([          #行列 B を定義
         [e,f],
         [g,h]
])
```

[*13] 例にあげた 2 つの行列 A、B はどちらもサイズが 2×2 です。ちなみに、SymPy では行列のサイズを `A.shape` のようにして調べることができます。

```
A + B                    #行列 A と B の和を求める
```

$$\blacktriangleright \begin{bmatrix} a+e & b+f \\ c+g & d+h \end{bmatrix}$$

```
k*A                      #続けて、行列 A と B のスカラー倍を求める
```

$$\blacktriangleright \begin{bmatrix} ak & bk \\ ck & dk \end{bmatrix}$$

図 7.15　SymPy で行列の和とスカラー倍を計算。

7.10　行列の積

和とスカラー倍はベクトルとほぼ同様の計算だったので、抵抗なく受け入れることができたと思いますが、行列には積という演算も定義されます。この積はとてつもなく重要な演算なのですが、ちょっと曲者なのですよ。とりあえずまずは、SymPy で和とスカラー倍のときに例としてあげた行列 A 、 B について積を計算してみることにしましょう。行列の積は@を使うと計算できます[*14]。

例えば、以下の図となります。

```
from sympy import *                  #sympy のインポート
a, b, c, d = symbols("a b c d") #symbols 文で未知変数の宣言
e, f, g, h = symbols("e f g h") #symbols 文で未知変数の宣言

A = Matrix([            #行列 A を定義
            [a,b],
            [c,d]
])
B = Matrix([            #行列 B を定義
            [e,f],
            [g,h]
])
```

[*14] A*B でも計算ができます。

```
A@B                      #行列 A と B の積を求める
```

$$\begin{bmatrix} ae+bg & af+bh \\ ce+dg & cf+dh \end{bmatrix}$$

図 7.16 SymPy で行列の積を計算。

はて、なんだかよくわからない結果が出てきました。しかしこれが、行列の積の計算結果なのです。

行列の積は、一見なんだかよくわからない方法で計算します。その方法を以下の 2 つの行列を通じて解説してみましょう。

$$A = \begin{pmatrix} a_{11} & a_{12} & a_{13} \\ a_{21} & a_{22} & a_{23} \end{pmatrix}, \quad B = \begin{pmatrix} b_{11} & b_{12} & b_{13} & b_{14} \\ b_{21} & b_{22} & b_{23} & b_{24} \\ b_{31} & b_{32} & b_{33} & b_{34} \end{pmatrix}$$

この 2 つの行列の積 AB を計算してみます。まずは、AB の $(1,1)$ 成分を $(AB)_{1,1}$ と表すことにして、これを計算することにします。そのために、A の 1 行目と B の 1 行目に着目しましょう。

$$A = \begin{pmatrix} \boxed{a_{11}} & \boxed{a_{12}} & \boxed{a_{13}} \\ a_{21} & a_{22} & a_{23} \end{pmatrix}, \quad B = \begin{pmatrix} \boxed{b_{11}} & b_{12} & b_{13} & b_{14} \\ \boxed{b_{21}} & b_{22} & b_{23} & b_{24} \\ \boxed{b_{31}} & b_{32} & b_{33} & b_{34} \end{pmatrix}$$

で、$(AB)_{1,1}$ を以下のように定義します[*15]。

$$(AB)_{1,1} = \boxed{a_{11}}\boxed{b_{11}} + \boxed{a_{12}}\boxed{b_{21}} + \boxed{a_{13}}\boxed{b_{31}} \qquad \square$$

これによって、積 AB の (1, 1) 成分の計算が完了です。同様にして、

- $(AB)_{1,2}$ を A の 1 行目と B の 2 列目の内積
- $(AB)_{1,3}$ を A の 1 行目と B の 3 列目の内積
- $(AB)_{1,4}$ を A の 1 行目と B の 4 列目の内積

[*15] つまり、A の 1 行目と B の 1 列目の内積です。

- …
- $(AB)_{2,3}$ を A の 2 行目と B の 3 列目の内積
- $(AB)_{2,4}$ を A の 2 行目と B の 4 列目の内積

というふうに、すべての行と列の組み合わせについて同様の計算をおこない、積のすべての成分が計算されるというわけです。一般的な形で書くと、

$$(AB)_{i,j} = \boxed{a_{i1}}\boxed{b_{1j}} + \boxed{a_{i2}}\boxed{b_{2j}} + \boxed{a_{i3}}\boxed{b_{3j}} \qquad \square$$

$$(1 \leqq i \leqq 2,\ 1 \leqq j \leqq 4)$$

です。ややこしいですが、これが行列の積の計算のしかたです。はて、こんなややこしい定義をして

なにが嬉しいのか？

ということは一旦おいておくことにして、行列の積に関する重要な事実を色々と見ていくことにしましょう。

例えば、以下のような 2 つの行列については**積が定義できません。**

$$A = \begin{pmatrix} a_{11} & a_{12} \\ a_{21} & a_{22} \end{pmatrix}, \quad B = \begin{pmatrix} b_{11} & b_{12} \\ b_{21} & b_{22} \\ b_{31} & b_{32} \end{pmatrix}$$

なぜなら、実際に積を計算してみればわかります。A の 1 行目と B の 1 列目に着目をして内積を取ろうとすると …？

$$(AB)_{1,1} = \boxed{a_{11}}\boxed{b_{11}} + \boxed{a_{12}}\boxed{b_{21}} + \underbrace{???}_{\text{あれ？}} \qquad \square$$

というふうに、行列 A 、B のサイズの関係で、対応する成分が存在しないのでうまく計算が最後までできないということが起こってしまいます。結局、このようなことが起こらないためには、AB の計算において、

$$A \text{ の列数} = B \text{ の行数}$$

が成立していなければならないという積の計算条件があることがわかります。実際にこの条件を満たさないような A 、 B を使って SymPy で積を計算しようとするとエラーが発生します。

```
from sympy import *                     #sympy のインポート
a, b, c, d = symbols("a b c d ") #symbols 文で未知変数の宣言
e, f, g, h = symbols("e f g h ") #symbols 文で未知変数の宣言
i, j = symbols("i j")                   #symbols 文で未知変数の宣言

A = Matrix([            #行列 A を定義
            [a,b],
            [c,d]
])

B = Matrix([            #行列 B を定義
            [e,f],
            [g,h],
            [i,j]
])

A@B                     #行列 A と B の積を求める
```

```
---------------------------------------------------------------------------
ShapeError                                Traceback (most recent call last)
<ipython-input-3-5016aafd2858> in <module>()
----> 1 A@B

                              4 frames
/usr/local/lib/python3.7/dist-packages/sympy/matrices/common.py in multiply(self, other, dotprodsimp)
   2628         if self.shape[1] != other.shape[0]:
   2629             raise ShapeError("Matrix size mismatch: %s * %s." % (
-> 2630                 self.shape, other.shape))
   2631 
   2632         # honest sympy matrices defer to their class's routine

ShapeError: Matrix size mismatch: (2, 2) * (3, 2).

SEARCH STACK OVERFLOW
```

図 7.17　定義できない積を計算しようとしてみるとエラー。

7.11 行列の積は非可換

通常の数字の掛け算は、計算結果が掛ける順番によりません。

$$ab = ba \qquad \square$$

この事実を、数字の掛け算は可換 (commutative) であるといいます。掛け算というのは一見この性質を当たり前に満たすように考えてしまいますが、実は行列の積は可換ではありません。簡単な例を示してみましょう。

```
from sympy import *   #sympy のインポート

A = Matrix([          #行列 A を定義
            [1, -1],
            [1,  1]
])

B = Matrix([          #行列 B を定義
            [1, -1],
            [-1, 1]
])

A@B                   #行列 A と B の積を求める
```

▶ $\begin{bmatrix} 2 & -2 \\ 0 & 0 \end{bmatrix}$

```
B@A                   #続けて、行列 B と A の積を求める
```

▶ $\begin{bmatrix} 0 & -2 \\ 0 & 2 \end{bmatrix}$

図 7.18 簡単な例でも行列の積が非可換であることがわかる。

さらに、積 AB は定義できなきなくとも、逆にした BA なら問題なく計算できるとい

うことも起こります。例えば、

$$A = \begin{pmatrix} a & b \\ c & d \end{pmatrix},\ B = \begin{pmatrix} e & f \\ g & h \\ i & j \end{pmatrix}$$

において、AB と BA の計算を試みてみると、

```
from sympy import *                  #sympy のインポート
a, b, c, d = symbols("a b c d")  #symbols 文で未知変数の宣言
e, f, g, h = symbols("e f g h")  #symbols 文で未知変数の宣言
i, j = symbols("i j")                #symbols 文で未知変数の宣言

A = Matrix([           #行列 A を定義
            [a,b],
            [c,d]
])
B = Matrix([           #行列 B を定義
            [e,f],
            [g,h],
            [i,j]
])

A@B                    #行列 A と B の積を求める
```

```
ShapeError                                Traceback (most recent call last)
<ipython-input-3-5016aafd2858> in <module>()
----> 1 A@B

▶ ―――――――――――― ⇕ 4 frames ――――――――――――
/usr/local/lib/python3.7/dist-packages/sympy/matrices/common.py in multiply(self, other,
dotprodsimp)
   2628           if self.shape[1] != other.shape[0]:
   2629               raise ShapeError("Matrix size mismatch: %s * %s." % (
-> 2630                   self.shape, other.shape))
   2631
   2632       # honest sympy matrices defer to their class's routine

ShapeError: Matrix size mismatch: (2, 2) * (3, 2).

SEARCH STACK OVERFLOW
```

```
B@A                    #続けて、行列 B と A の積を求める
```

$$\begin{bmatrix} ae + cf & be + df \\ ag + ch & bg + dh \\ ai + cj & bi + dj \end{bmatrix}$$

図 7.19　AB は計算できないが BA は計算できる例。

以上のように、行列の積においては（何気なく）順番をひっくり返してはならないわけです。そして、さらに注意をしなければならないのは、これは「どんな行列でも $AB \neq BA$ となるということではない」ということです。実際に、うまく行列 A, B を選べば $AB = BA$ となる例はいくらでも作れます。例えば、

$$A = \begin{pmatrix} a & 0 \\ 0 & b \end{pmatrix}, \quad B = \begin{pmatrix} c & 0 \\ 0 & d \end{pmatrix}$$

と A, B を対角行列としてとれば、このとき必ず $AB = BA$ となります[*16]。

あくまで「行列の積は $AB \neq BA$ となることが普通」であって、「行列をうまく選べば $AB = BA$ となることもある」ことにくれぐれも留意しておきましょう。このようなとき、数学では行列の積は一般に非可換であるという言い方をします。

7.12　逆行列

突然ですが、ふつうの数字の世界で逆数（inverse number）というのがありました。例えば、2 という数の逆数は $\frac{1}{2}$ であるということは、中学校の数学で習ったという記憶がある方も多いのではと思います。

この「逆数」は「分母と分子をひっくり返した数」というふうに説明されることが多いですが、厳密には以下のような定義です。

逆数（inverse number）

ある数 a に対して、

$$ax = xa = 1$$

をみたす数 x のことを a の逆数と呼び、a^{-1} または $\dfrac{1}{a}$ と表す。

つまり、「元の数とかけたら 1 になってくれる数」のことを逆数と呼ぶ、というのが数学的にもう少し厳密な逆数の定義です。今から我々は、行列の世界にもこの「逆数」に相当する概念を持ち込むことを試みてみましょう。

[*16] 対角行列以外にも積が可換になる例はたくさんあります。ぜひ考えてみてください。

7.12.1 行列の世界の「1」は単位行列 E

以下、行列といったら正方行列のみを表すと仮定して話をすすめます。

さきほどの逆数の定義の中に、1 という数が現れました。行列の世界で同じように「逆数」の概念を定義するためには、「行列の世界における 1 」に相当するものを明らかにしておかなければなりません。

そもそも 1 という数は、

「どんな数にかけてもその値を変えない」数

というのが最も本質的な性質です。すなわち、任意の数 a に対して、

$$a \times 1 = 1 \times a = a$$

を満たすというのが、1 という数の最も本質的な意味なのですね[*17]。行列の積においてこの性質を満たすのは、実は 単位行列 E なのです。単位行列 E は任意の正方行列 A に対して以下を満たします。

$$AE = EA = A \qquad \square$$

実際に 2 次の正方行列に対してこれを確かめてみましょう。

```
from sympy import *                 #sympy のインポート
a, b, c, d = symbols("a b c d") #symbols 文で未知変数の宣言

A = Matrix([            #行列 A を定義
            [a,b],
            [c,d]
])

E = eye(2)              #単位行列を定義

A@E                     #行列 A と E の積を求める
```

▶ $\begin{bmatrix} a & b \\ c & d \end{bmatrix}$

```
E@A                     #続けて、行列 E と A の積を求める
```

[*17] この性質を、1 は通常の数の積の単位元 (unit element) であるといいます。

$$\blacktriangleright \begin{bmatrix} a & b \\ c & d \end{bmatrix}$$

図 7.20　$AE = EA = A$ が成り立つ。

この事実から、正方行列 A の逆行列を以下のように定義します。

逆行列（inverse matrix）

ある正方行列 A に対して、

$$AX = XA = E$$

をみたす正方行列 X のことを A の**逆行列**と呼び、A^{-1} と表す。

正方行列の逆行列を手計算で求める方法はいくつか知られています[*18]。数字の逆数を求めるときは分母と分子をひっくり返すだけで簡単でしたが、逆行列を求めるには一般にかなり面倒な計算が必要になります。

が、SymPy を使うと非常に簡単に逆行列を求めることができます。まずは具体的な数字で求めてみましょう。逆行列は **inv** で求められます。

```
from sympy import * #sympy のインポート

A = Matrix([          #行列 A を定義
            [1, 2],
            [2,-1]
])

A.inv()               #inv で A の逆行列を求める
```

$$\blacktriangleright \begin{bmatrix} \frac{1}{5} & \frac{2}{5} \\ \frac{2}{5} & -\frac{1}{5} \end{bmatrix}$$

図 7.21　inv による逆行列の計算。

文字によってできた行列でも同じことをやってみましょう。

*18 例えば、ガウスの消去法（掃き出し法）や、逆行列の公式など、様々なものがあります。

```
from sympy import *   #sympy のインポート
a, b ,c, d = symbols("a b c d")
                      #symbols 文で未知変数の宣言

A = Matrix([          #行列 A を定義
            [-a,b],
            [c,-d]
])

A.inv()               #inv で A の逆行列を求める
```

$$\begin{bmatrix} -\frac{d}{ad-bc} & -\frac{b}{ad-bc} \\ -\frac{c}{ad-bc} & -\frac{a}{ad-bc} \end{bmatrix}$$

図 7.22　inv による逆行列の計算（成分が文字である行列）。

ところで、以下の行列の逆行列を計算してみましょう。

$$A = \begin{pmatrix} 1 & 1 \\ -1 & -1 \end{pmatrix}$$

```
from sympy import * #sympy のインポート

A = Matrix([         #行列 A の定義
            [1,1],
            [-1,-1]
])

A.inv()              #行列 A の逆数
```

```
---------------------------------------------------------------------------
NonInvertibleMatrixError                  Traceback (most recent call last)
<ipython-input-3-44a5276acfb1> in <module>()
----> 1 A.inv()              #行列Aの逆数

                          3 frames
/usr/local/lib/python3.7/dist-packages/sympy/matrices/inverse.py in _inv_GE(M, iszerofunc)
    243
    244     if any(iszerofunc(red[j, j]) for j in range(red.rows)):
--> 245         raise NonInvertibleMatrixError("Matrix det == 0; not invertible.")
    246
    247     return M._new(red[:, big.rows:])

NonInvertibleMatrixError: Matrix det == 0; not invertible.

SEARCH STACK OVERFLOW
```

図 7.23　逆行列を計算するとエラー。

あれ、図 7.23 のようにエラーになってしまいましたね。これは文法のミスなどではなく、数学的に

逆行列が計算できずにエラー

が出力されています。

というのも、実は **逆行列はどんな行列に対してでも存在するわけではありません**。さきほど逆行列を計算しようとしてエラーになった行列は、実は **逆行列が存在しないタイプの行列** だったというわけです。

行列の中にはこのように逆行列を持たないものがたくさん存在します*[19]。逆行列が存在する行列を **正則行列** (regular matrix) と呼び、逆行列が存在しない行列を **非正則行列** (non-regular matrix) と呼びます。

行列が正則かどうかを判定する方法もこれまた色々とあるのですが、一番手っ取り早いのは **行列式** (determinant)*[20] を計算してみる方法です。以下の 2 次の行列

$$A = \begin{pmatrix} a & b \\ c & d \end{pmatrix}$$

に対して、A の行列式を $|A|$ と書き、

$$|A| = ad - bc$$

で計算されます。行列式は SymPy で **det** を使うと計算できます。

*19 たくさんとは言っても、逆行列が存在するものと比較したらとても少ないのですけどね。

*20 「行列式」というネーミングはややこしいですね。。。「行列」という言葉とものすごく混同してしまいがちですが、全く意味は異なります。行列は「数が並んだもの」、行列式は「行列に対して計算できる特別な値（スカラー）」です。この 2 つをごちゃまぜにして使ってしまう人が多いのですが、本当に気をつけましょう。

```
from sympy import *                    #sympy のインポート
a, b, c, d = symbols("a b c d") #symbols 文で未知変数の宣言
A = Matrix([              #行列 A を定義
            [a, b],
            [c, d]
])

A.det()                   #行列式の計算
```

▶ $ad - bc$

図 7.24　行列式を計算。

実はこの行列式を計算して、その値が 0 であればその行列は逆行列を持たない、すなわち非正則行列であるとわかります。なぜなら、逆行列の具体的な形

$$A^{-1} = \frac{1}{ad - bc}\begin{pmatrix} d & -b \\ -c & a \end{pmatrix}$$

を見れば、$ad - bc = 0$ のときに $\frac{1}{ad-bc}$ の分母が 0 になってしまうので、逆行列が計算できなくなってしまうからです。

で、ここからの話がちょっとややこしいのですが、実は 3 次以上の行列についても、

- 行列式 $|A|$ を計算。
- その値が 0 ならば非正則、そうでなければ正則。

という判定法が使えるのです。

しかしながら、これに関してはちょっと考えなければならないことがあります。というのも、2 次のときの行列式の定義は $ad - bc$ だったのですが、例えば次の 3 次の行列

$$A = \begin{pmatrix} a & b & c \\ d & e & f \\ g & h & i \end{pmatrix}$$

については、行列式 $|A|$ をそもそもどうやって定義すればよいのか、という問題があります。これは 4 次以上の行列に関しても同様の問題が毎回生じてしまいます。

実は行列式には、あらゆるサイズの行列に適用できる定義というのがちゃんとあります。とりあえず、いちど見てみましょうか。一般の n 次の行列式の定義はこちらです

（A の $(i,\ j)$ 成分が a_{ij} とします）。

$$|A| = \sum_{\sigma \in S_n} \mathrm{sgn}(\sigma) \left(\prod_{i=1}^{n} a_{i,\sigma(i)} \right)$$

□

・・・・「？？？」という感じですね。確かにこの定義を愚直に適用すれば、どんなサイズの正方行列に対しても行列式を計算することはできます。しかしながら、これを手計算でやるメリットは正直「線形代数を使っていろいろな計算をする」上ではそんなにないでしょう。

ここで重要なのは、どんなサイズの正方行列に対しても行列式をきちんと計算できる定義が「ちゃんと存在している」ということです。ですから、我々は「どんなサイズの行列に対しても、行列式というものが定義されるのだから、安心して行列式を計算できるのだ」と安心することができます。我々はこれから、以下のスタンスで線形代数をゴリゴリと使っていけばよいでしょう。

- 行列式は一般の n 次の行列に対して定義されている（ので、安心して計算して使える）。
- 行列式は、まぁ、2 次の行列の逆行列に現れる「分母」のようなものだろう、となんとなく理解しておく（ので、行列式が 0 なら逆行列は計算できない）。

3 次以上の行列でも、行列式は **det** を使って計算できます。

```
from sympy import *                    #sympy のインポート
a, b, c, d = symbols("a b c d") #symbols 文で未知変数の宣言
e, f ,g ,h = symbols("e f g h") #symbols 文で未知変数の宣言
i, j, k, l = symbols("i j k l") #symbols 文で未知変数の宣言
m, n, o, p = symbols("m n o p") #symbols 文で未知変数の宣言

A = Matrix([      #行列 A を定義
            [a, b, c],
            [d, e, f],
            [g, h, i]
])

B = Matrix([      #行列 B を定義
            [a, b, c, d],
            [e, f, g, h],
```

```
              [i, j, k, l],
              [m, n, o, p]
])

A.det()          #行列式の計算
```

▶ $aei - afh - bdi + bfg + cdh - ceg$

```
B.det()          #行列式の計算
```

▶ $afkp - aflo - agjp + agln + ahjo - ahkn - bekp + belo + bgip - bglm - bhio + bhkm + cejp - celn - cfip + cflm + chin - chjm - dejo + dekn + dfio - dfkm - dgin + dgjm$

図 7.25　3 次、4 次の行列式を計算。

本章では線形代数の基本的な理論について、SymPy を使いながら色々と追いかけてみました。本章の最初にも述べたとおり、線形代数の計算には NumPy という非常に有名なモジュールがありますから、そちらを使うことのほうが現状では多いわけですが、SymPy を用いても非常に簡潔に線形代数の計算を行えることがわかっていただけたと思います。さらに、なんといっても「文字を含むベクトルや行列」の計算は SymPy の醍醐味ですね。

次章では、いよいよ今まで学んできた様々な知識を総動員して、機械学習で用いられる様々な計算を行ってみます。SymPy を使って流行りの計算をおこなうのは、とても楽しく、そして思ったよりも簡単です。まだまだ、楽しんでいきましょう！

第 8 章

機械学習で現れる計算をしてみよう。

本章では、今までに学んできた数学の基礎と SymPy を使って、機械学習でよく現れる様々な計算をおこなってみましょう。

近頃巷を騒がせている機械学習ですが、その根幹をなすのは何といっても数学にほかなりません。様々な数学的理論がその礎となって、我々は AI による日々の生活の進化の恩恵を享受することができているのです。

そして、驚くべきことに、機械学習において用いられる数学の理論は、(研究レベルや難しい技術を選ばなければ) 思いの外基礎的な数学だけで根っこを理解するのには事足りてしまうのです。ここまで本書を読み進めることができた読者のあなたなら、きっと理解をし、人工知能のことをワンランク上のレベルで理解することができるでしょう。では、あと一息！

8.1 勾配降下法を実装してみよう。

機械学習ではよく、「関数の値を最小化（または最大化）する」ということが必要になります。たとえば、

- 誤差（コスト関数）を最小化する（ディープラーニングでよく使われる）
- 負の対数尤度（クロスエントロピー）を最小化する（ロジスティック回帰などでよく使われる）

などなど。このように関数を最小化（最大化）することを目指すこと[*1] を、最適化 (optimization) と呼びます。

8.1.1　最適化問題の定式化 〜最小化のみを考える〜

もう少し具体的な状況設定をおこないましょう。簡単のために、ここでは 1 変数関数 $y = E(x)$ を考えます。本節の目的は、この関数が最も小さな値（ $\min_x E(x)$） を取るような x の値を求めることとします。そのような x を $\mathrm{argmin}_x E(x)$ と表します。すなわち、我々の目標は、

$$y = E(x) \text{ について、 } \mathrm{argmin}_x E(x) \text{ を求める！}$$

ということです。

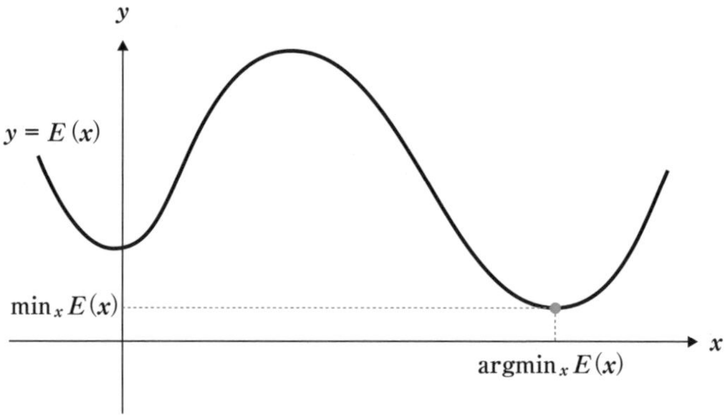

図 8.1　$y = E(x)$、$\min_x E(x)$、$\mathrm{argmin}_x E(x)$ の図解。

ちなみに、「さっきから関数を最小化する話ばかりしているけど、関数の最大化の話は考えなくてもよいのか？」ということが気になるかと思いますが、実は最小化さえ考えれば、最大化のことを別に考える必要はありません。なぜなら、関数 $y = E(x)$ を最大化することは、 $y = -E(x)$ を最小化することと同じだからです（すなわち、 $E(x)$ を最大化をしたかったら、代わりに $-E(x)$ を最小化してやれば、ほしい x は手に入るでしょ、ということ)。

[*1] 正確には、最大値（最小値）を求めることが難しい場合には「なるべく小さく」「なるべく大きく」することを試みます。

8.1.2 方法 (1)：「微分 = 0」を解いて求める。

関数の例として、$y = E(x) = 3x^4 + 4x^3 - 12x^2 + 16$ という 4 次関数を考え、この関数の最小値を求めてみることにしましょう。まず最初にご紹介する方法は、微分 $= 0$ を解くという方法です

というのも、関数 $E(x)$ を微分して得られる導関数 $E'(x)$ は、各点 x における接線の傾きを表すのでした。そして、関数が以下のような極大値（極小値）[*2] を取るときには、接線の傾きすなわち導関数の値が 0 となることがわかります[*3]。そして、この中を探せば最小値があるかもしれない！ということを信じて探してみるということができそうです[*4]。

図 8.2　極大値と極小値。

すなわち、以下のようなアプローチが考えられます。

1. $y = E(x)$ の導関数 $y' = E'(x)$ を求める。
2. $E'(x) = 0$ を満たす x を求める（解く）と、極大値、極小値が見つかる。
3. その中に、最小値が含まれているだろう。という感じで最小値を探す。

これを実際に SymPy でやってみましょう。

---

*2 関数が極大値を取るとは、その点の十分近くでは関数が最も大きな値をとること、極小値を取るとは、その点の十分近くでは関数が最も小さな値を取ることをいいます（本当はもうちょっと厳密な定義がありますが、まぁこのくらいで十分でしょう）。また、極大値、極小値をまとめて極値と呼びます。

*3 鋭い方は、「いや、関数がカクカクしてたり、不連続（途中で途切れている）ときはそうとは限らなくね！？」と気づくかもしれません。が、ここではグラフが滑らかで、かつ、連続（途中で途切れていない）ことを仮定します。機械学習で現れるような関数は、大体この仮定を満たすと考えてまぁ、y よいでしょう。

*4 ただし、必ず極大値、極小値の中に最大値、最小値があるとは限りません。このへんは色々とややこしいですが、今回の 4 次関数の場合は実は極小値の中に最小値が見つかります。

```
from sympy import * #sympy のインポート
x = symbols("x")     #symbols 文で未知変数の宣言
                     #関数 E(x) を定義
E = 3*x**4+4*x**3-12*x**2+16

solve(diff(E,x),x)   #E'(x)=0 を解く
```

```
► [-2, 0, 1]
```

図 8.3　$E'(x) = 0$ を解いてみる。

$x = -2, 0, 1$ で $E'(x) = 0$ を満たすことがわかりました。しかし、これだけでは、$x = -2, 0, 1$ のどれが極大でどれが極小なのかが判断できません。もっというと、これらは極値を取ると断定することもできません。なぜなら、以下のような鞍点（あんてん）においても、$E'(x) = 0$ となりますので、鞍点である可能性も否定できないからです。

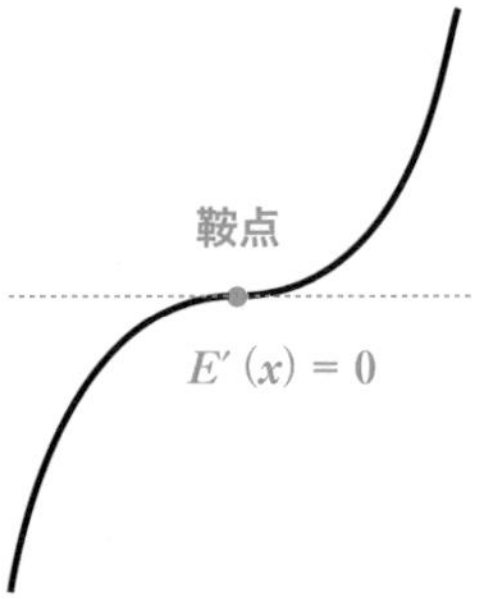

図 8.4　鞍点（極大でも極小でもないが、$E'(x) = 0$ を満たす点）

これらが「そもそも極値になっているのか」「極大なのか極小なのか」ということを判定するためには、やや入り組んだ議論が必要になりますので、ここでは割愛します。しかし、今考えている $E(x)$ は 4 次関数なので、グラフの形をあらかじめ知っていれば判定を簡単にできます。

4 次関数のグラフの形は以下のような形をしています。

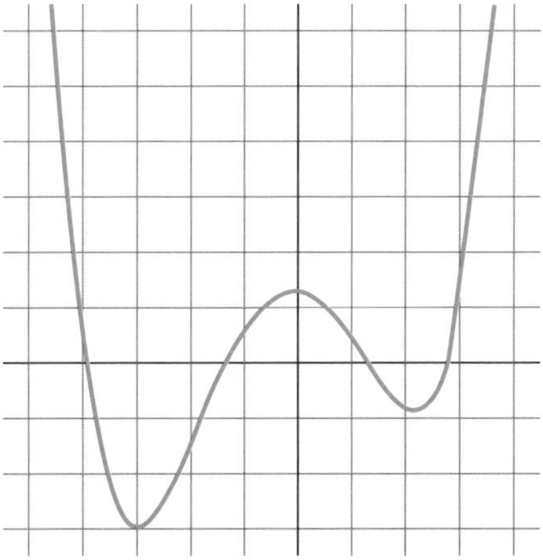

図 8.5　（x^4 の係数が正の）4 次関数のグラフの形。

（x^4 の係数が正の）4 次関数のグラフの形を念頭に置いて参考にすれば、

- 4 次関数は一般に極値を 3 つ持つ。
- 4 次関数が鞍点を持つ場合は、$E'(x) = 0$ を満たす x は 2 つ以下になる[*5]。

ということがわかります。

今、$E'(x) = 0$ を満たす x は 3 つ得られていますから、それぞれが小さい方から順に極小、極大、極小であることがわかります。

極小値を実現する $x = -2, 1$ において $E(x)$ の値を求めると、

```
from sympy import *                #sympy のインポート
x = symbols("x")                   #symbols 文で未知変数の宣言

solve(diff(E,x),x)                 #E'(x)=0 を解く
```

▸ [-2, 0, 1]

```
E.subs(x, -2)                      #続けて、subs を実行
```

▸ -16

*5 この事実についてはあまり自明ではありませんが、ここでは認めておきましょう。

```
E.subs(x, 1)                    #続けて、subs を実行
```

▶ 11

図 8.6 $E(-2)$ 、 $E(1)$ を求める。

となりますので、 $x = -2$ のとき、 $E(x)$ は最小値 $E(-2) = -16$ をとるとがわかりました。

8.1.3 方法 (2) : 勾配降下法を使う。

$E'(x) = 0$ を解く方法は一見使えそうに感じるものですが、残念ながら実は、機械学習の現場ではそう上手いことはいきません。というのも、

- そもそも、 $E(x)$ として現れる関数が非常に複雑であり、 $E'(x) = 0$ を解くことができない

からです。機械学習で現れる関数は複雑かつ多変数であることが大半であり、多変数の場合は $E'(x) = 0$ に対応する式[*6]を解くこと自体がそもそも非常に難しいのです。

では、そのような関数の最適化とはそもそもどういうことなのか。そしてどのようにするべきなのかということを考えてみましょう。

- 最小値を見つけることだけを前提とするとうまく見つけられないことがあるので、とりあえずどこかの極小値を見つけることを目標とする。
- 勾配降下法を用いて極小値を探す。

勾配降下法の概略については、「微分、積分の計算をしてみよう」の章でも一度見ているので、そちらを再度参照して概略を掴んでいただきたいのですが、大まかな流れを以下に示します。

[*6] 多変数関数の場合は、 $\dfrac{\partial E}{\partial \boldsymbol{x}} = \mathbf{0}$ という式を解くという作業が必要になります。この式は実は連立方程式であり、E が複雑であるほど複雑な形になります。これを解くことも、極大、極小、鞍点の判定をすることも極めて難しくなります。

(1) $y = E(x)$ において、ランダムな初期値 $x = x_0$ を設定する。
(2) $x = x_0$ における $y = E(x)$ の微分係数 $E'(x_0)$ を求める。
(3) $E'(x_0) > 0$ なら、その瞬間 $E(x)$ は増加しているはずなので、x_1 を x_0 から少し減らす。$E'(x_0) < 0$ なら、その瞬間 $E(x)$ は減少しているはずなので、x_1 を x_0 から少し増やす。
(4) 今度は、$x = x_1$ における $y = E(x)$ の微分係数 $E'(x_1)$ を求める。
(5) 同様の手順で、今度は x_2 を得る。
(6) これを何度も繰り返し、x の値がほとんど変化しなくなったら、そこが恐らく極小値を実現する x の値であろう。

この方法を使って関数 $y = E(x)$ の極小値を探すことを目的としますが、そのためにはこの手順の中の「$E'(x_k) > 0$ なら x_k から少し減らす」「$E'(x_k) < 0$ なら x_k から少し増やす」という部分を定式化[*7] をしなければなりません。

- $E'(x_k) > 0$ なら x_k から少し減らす
- $E'(x_k) < 0$ なら x_k から少し増やす

という 2 つの手順は、まとめておこなってしまえば「微分係数の符号の逆方向に x を更新する」ということですので、以下のように表すことができます。

$$x_{k+1} \leftarrow x_k - E'(x_k)$$

しかし、これだと $E'(x_k)$ の絶対値が大きくなってしまった場合には、x の値が大きく更新されすぎてしまいます。ですので、$E'(x_k)$ には小さな正の数 ρ をかけて、その絶対値を調整します。よって、更新を表す式は以下のように書けます。

$$x_{k+1} \leftarrow x_k - \rho E'(x_k) \ \ (\rho > 0)$$ □

この **更新の歩幅**を調整するための正の数 ρ を、**学習率**（learning rate）と呼びます。学習率は、更新が適切に進むように、開発者がうまく設定します[*8] 。

---

*7 定式化：数式を使って表すこと。

*8 このように、開発者が自ら手作業で調整する値（パラメータ）のことを ハイパーパラメータと呼びます。このハイパーパラメータを適切な値に調整することをハイパーパラメータのチューニングと呼びますが、これは結構大変な作業となることが多いものです。

これを SymPy を使って実装してみましょう。
用いる関数 $E(x)$ は、 $E(x) = 3x^4 + 4x^3 - 12x^2 + 16$ にします。

```
from sympy import * #sympy のインポート
    #乱数を生成するための random モジュールを import
import random
x = symbols("x")        #symbols 文で未知変数の宣言
                        #関数 E(x) を定義
E = 3*x**4 + 4*x**3 - 12*x**2 + 16

    #x の初期値を乱数で生成し、表示して値を確認
x_now = random.uniform(-3, 3)
print("x_0 = ",x_now)

n = 40                  #更新回数を設定

    #学習率 rho は、とりあえず 0.1 に設定しておく
rho = 0.01
dE = diff(E, x)         #E の導関数を dE として定義

for i in range(n):  #x の値を更新（for 文を用いて n 回おこなう）
  x_now = x_now - rho * dE.subs(x, x_now)
  print("x_", i + 1, " = ", x_now, sep = "")
```

図 8.7　勾配降下法の実装。

実行してみると、以下の図 8.8 のように初期値 $x_0 = -2.922...$ が、$x_{40} = -2.000...$ まで更新されており、これは $x = -2$ という極小値にじわじわと近づいていっているのがわかります。

```
x_0 =  -0.2584136287622645
x_1 = -0.326375462947027
x_2 = -0.413316188549048
x_3 = -0.524538876391454
x_4 = -0.666126470480737
x_5 = -0.843774566175378
x_6 = -1.05962752922691
x_7 = -1.30590408632778
x_8 = -1.55671894049627
x_9 = -1.76843491090356
x_10 = -1.90447838959577
x_11 = -1.96788391128857
x_12 = -1.99039260437871
x_13 = -1.99725465440954
x_14 = -1.99922678356420
x_15 = -1.99978314073526
x_16 = -1.99993925119033
x_17 = -1.99998298811907
x_18 = -1.99999523649970
x_19 = -1.99999866620630
x_20 = -1.99999962653670
x_21 = -1.99999989543019
x_22 = -1.99999997072045
x_23 = -1.99999999180172
x_24 = -1.99999999770448
x_25 = -1.99999999935726
x_26 = -1.99999999982003
x_27 = -1.99999999994961
x_28 = -1.99999999998589
x_29 = -1.99999999999605
x_30 = -1.99999999999889
x_31 = -1.99999999999969
x_32 = -1.99999999999991
x_33 = -1.99999999999998
x_34 = -1.99999999999999
x_35 = -2.00000000000000
x_36 = -2.00000000000000
x_37 = -2.00000000000000
x_38 = -2.00000000000000
x_39 = -2.00000000000000
x_40 = -2.00000000000000
```

図 8.8　勾配降下法による更新の流れ。

また、このプログラムを改良して、「x の更新幅が 0.00001 未満になったら更新をやめる」ようにすることもできます（図 8.9、8.10）。

勾配降下法を用いた極小値探索が（ざっくりではありますが）できるようになりました。実際の機械学習では、このように単純な 1 変数の関数ではなく、多変数の関数を使ってもう少し複雑な手順を踏んで勾配降下法による極小値探索をおこないます。このように、同じ手順を繰り返すことで目的の値の近似値を求める方法を**反復法**（Iterative method）と呼びます。

```
from sympy import * #sympy のインポート
    #乱数を生成するための random モジュールを import
import random
x = symbols("x")     #symbols 文で未知変数の宣言
                     #関数 E(x) を定義
E = 3*x**4 + 4*x**3 - 12*x**2 + 16

    #x の初期値を乱数で生成し、表示して値を確認
x_now = random.uniform(-3, 3)
print("x_0 = ",x_now)

n = 100              #更新回数を設定

    #学習率 rho は、とりあえず 0.01 に設定しておく
rho = 0.01
dE = diff(E, x)      #E の導関数を dE として定義

for i in range(n):   #x の値を更新（for 文を用いて n 回おこなう）
x_tmp = x_now
x_now = x_now - rho * dE.subs(x, x_now)
print("x_", i + 1, " = ", x_now, sep = "")

    #更新幅が 0.0001 よりも小さくなったら、更新を終了
if abs(x_tmp - x_now) < 0.00001:
break
```

図 8.9 勾配降下法の実装（更新幅が 0.00001 よりも小さくなったら更新を終了する ver)。

```
x_0 =  1.0575582004149302
x_1 = 1.03522415150857
x_2 = 1.02194265687248
x_3 = 1.01381092211234
x_4 = 1.00874711808046
x_5 = 1.00556134946441
x_6 = 1.00354439728487
x_7 = 1.00226237879802
x_8 = 1.00144546422942
x_9 = 1.00092409384833
x_10 = 1.00059101007250
x_11 = 1.00037807876104
x_12 = 1.00024190178767
x_13 = 1.00015478905450
x_14 = 1.00009905349381
x_15 = 1.00006338952635
x_16 = 1.00004056736808
x_17 = 1.00002596232562
x_18 = 1.00001661556486
```

図 8.10　勾配降下法による更新の流れ。

勾配降下法による極小値探索について、もう少し詳しく見てみましょう。

- まず、勾配降下法による極小値探索については、初期値の設定によって得られる極小値が変わってしまいます。
- 勾配降下法による極小値探索では、あくまで見つかるのは「極小値のどれか」です。そして、それが「最小値」とも限らなければ、「数ある極小値のうち何番目に小さいものか」すらわかりません。
- 勾配降下法については、「(それが関数全体で見てどれだけ小さいかはさておき) とりあえず、極小値を見つければ（少なくともその近辺では）ある程度小さい値を取っているだろう」という考え方をしています。実際に機械学習で現れるような複雑な関数では、このくらいのスタンスで挑まないと、なかなか関数の最適化というのはうまくいかないのです。

全体のうち最も小さな値を取る極小値を実現する x のことを 大域的最適解（global optimal solution)、そうではない極小値を実現する x のことを 局所最適解（local optimal solution / local minimum）と呼びます。ちなみに、多変数関数の場合の勾配降下法の式は以下のような形になります。ここでは詳細を述べることは割愛しますが、興味があれば是非チャレンジしてみましょう。

$$\boldsymbol{x}_{k+1} \leftarrow \boldsymbol{x}_k - \rho \frac{\partial E}{\partial \boldsymbol{x}_k} \quad (\rho > 0)$$

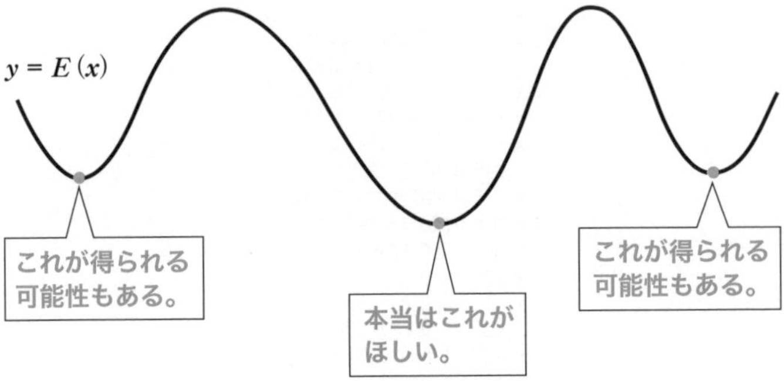

図 8.11　どの極小値が得られるかはわからない。

8.2　単回帰分析を実装してみよう。

1 次関数を用いてデータの傾向を近似し、様々な数値予測をできるようにすることを線形回帰（linear regression）と呼びます。この手法は統計学の世界で非常に古くから使われている手法なのですが、現在も統計学手法、機械学習手法として幅広く使われている使い勝手のよいアルゴリズムです。

線形回帰という言葉は、単回帰分析（single linear regression）と重回帰分析（multi linear regression）という 2 つの手法を合わせた呼称です。本書では比較的シンプルな単回帰分析について、その手法を見てみましょう。ちょっと数学的に難しめの式変形などもありますが、じっくり解説をしますので頑張りましょう。

8.2.1　単回帰分析とは

単回帰分析は、「1 つの手がかり（説明変数）」から「1 つの目標（目的変数）」の値を予測するための手法です。たとえば、

- 「国語の点数」から「数学の点数」を予測する。
- 「気温」から「その日の売上」を予測する。
- 「身長」から「体重」を予測する。

などなど。ここでは、「気温（℃）」から「その日の売上（万円）」を予測するというタスクを考えてみることにします。

とあるアイスクリーム店 X は、気温と売上のデータを何日かに渡って記録していました。そのデータは以下の通りだったとします[*9]。

$$(\text{気温}, \text{その日の売上}) = (x_1, y_1), (x_2, y_2), \ldots, (x_N, y_N) \qquad \square$$

例えば過去のデータがなんとなく (28, 12), (30, 12), (32, 15), (35, 22) のような雰囲気だったとすれば、「じゃあ、29(°C) のときの売上はいくらくらいでしょうか？」という問に対して、「なんとなく、**過去のデータから推測するに 12 （万円）くらい**なのでは？」という予測ができるでしょう。これをプログラムにやらせるというのが、単回帰分析における目標となります。

単回帰分析のアイデアを理解するために、アイスクリーム店 X で集めていた過去のデータを散布図にプロットしてみることにしましょう。プロットの結果、以下のようになりました。

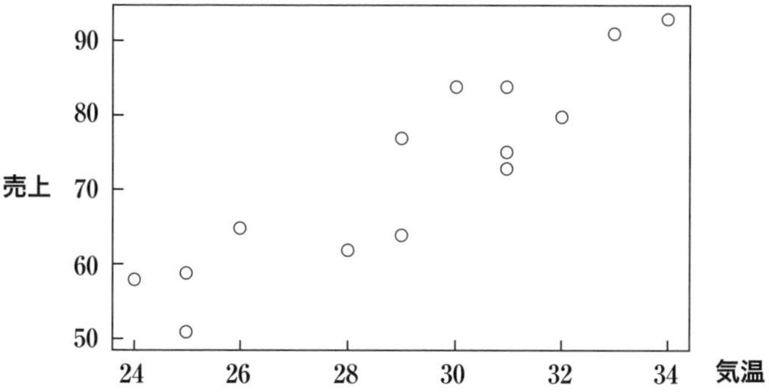

図 8.12　アイスクリーム店 X の気温と売上を散布図にプロット。

この散布図を眺めてみると、なんとなく気温と売上の間には「いい感じの（右肩上がりの）直線的な関係」がありそうに感じます。そこで、今回はこのデータに「直線的な傾向がありそう」ということを手がかりに、以下のようなことを目指してみましょう。

このデータの傾向を表す「いい感じ」の直線を引いてみる。

具体的には、以下のような直線のことを指します。

この直線を人間が引くのは簡単です。なぜなら、人間は「感覚」でそれが引けるから[*10]。しかし、コンピュータに正確にこの直線を引かせることを考えると、そう簡単

[*9] 高橋信 著, 井上いろは 作画, トレンド・プロ 制作,「マンガでわかる統計学 回帰分析編」, オーム社,2005 より散布図

[*10] 中学校の理科の実験で、データを取ってそのデータをうまく表す直線を定規で引くっていうのやったことありませんか。と聞くと、「いや、ありません」って返答が来ることが多いのですが、著者はやり

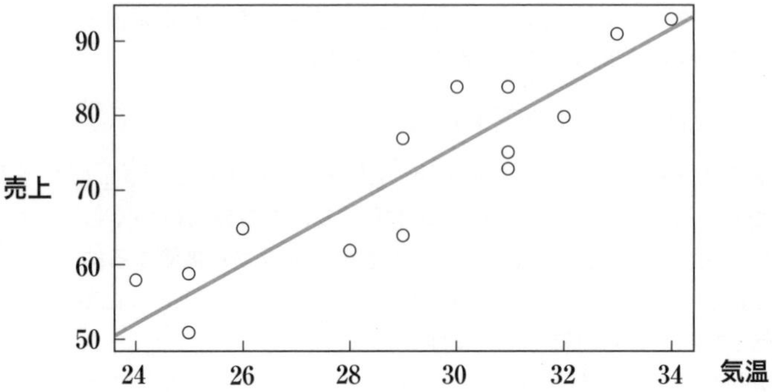

図 8.13　データの傾向をいい感じに表す「直線」。

にいきません[*11]。

コンピュータにこの「いい感じの直線」を求めさせるためには、この「いい感じ」という言葉の意味を厳密化して、それを数式で表し[*12]、プログラムに落とし込むことが必要です。それを今から試みましょう。

8.2.2　1 次関数

まず、直線というのは 1 次関数（のグラフ）として表されます。今、気温 − 売上のグラフの横軸（気温）を x 、縦軸（売上）を y と書くことにすれば、1 次関数の式は $y = ax + b$ と表せます。a, b はそれぞれ傾き、切片と呼ぶのでした。傾きの値は文字通り直線の傾きかたを表し、切片は直線の位置関係（高さ）を表します。1 つ重要なこととして、

直線の形は、傾きと切片が決まることによって完全に決まる

ことを確認しておきましょう。

そして、仮に「いい感じの直線 $y = ax + b$ 」が引けたとすると、気温 x のときの売上 y の予測値が直線の高さ $y = ax + b$ によって求められることも認識しておきましょう。

そもそも、「データの傾向をうまく表す**いい感じの直線**」とは、数学的にはどういう直線のことをいうのでしょうか。それをはっきりと定義しておきます。

ました。あんまりメジャーな文化じゃないのかなぁ …。

*11 **「いい感じの直線引いて！」**と言うだけでこういう直線をコンピュータが求めてくれれば楽なんですけどね。

*12 「定式化」というやつです。

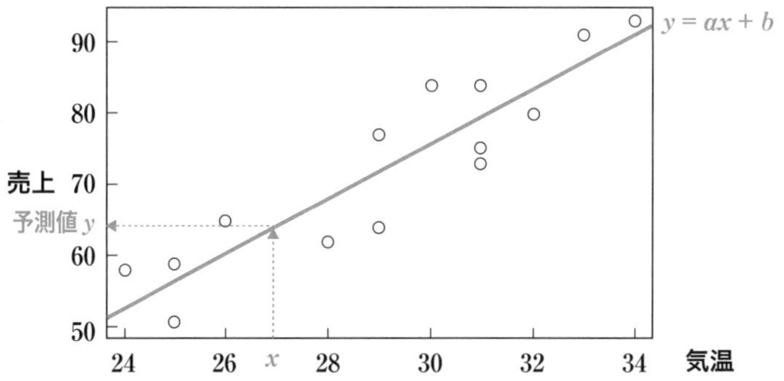

図 8.14　直線の高さ $y = ax + b$ により、気温 x のときの売上 y が予測できる。

「いい感じの直線」を引きたいということは、各気温 x_i に対して、実際の気温 y_i になるべく近い値が直線による予測値 $\hat{y}_i = ax_i + b$ によって常に予測されるようにしたいということだと考えることができるでしょう[*13]。

これはすなわち、以下の値 (実際の値と予測値の差) が全データ ($i = 1, 2, \ldots, N$) に対して「なるべく小さな値」となってほしいということだと言えます[*14]。

$$e_i = \underbrace{y_i}_{\text{実際の気温}} - \underbrace{(ax_i + b)}_{\text{気温の予測値}}$$

□

この値 e_i を、i 番目のデータの残差 (residual error) と呼びます。この残差が各データに関してなるべく小さな値をとってほしい、ということは、以下のような「全データ $(i = 1, 2, \ldots, N)$ についての残差の総和」が最小値を取ってほしいということになります。

$$E(a, b) = \sum_{i=1}^{N} e_i$$

□

さて、ここで $\sum$ という記号がこの本ではじめて現れました[*15]。この $\sum$ という記号

[*13] 予測値は、よくハット (^) をつけることによって表します。

[*14] この値が小さいということは、(i 番目のデータ (x_i, y_i) について) 実際の気温の値と、気温の予測値の差が小さい—すなわち、実際の気温の値と予測値が「ほぼ同じような値」になっているということです。

[*15] おそらく、高校時代の数学なんかでこの記号と出会って「なんやこれ… さっぱりわからん…」と打ちひしがれた人も多いのでは…

は、いわば「長い足し算の省略」です。例えば、

$$1 + 2 + 3 + \cdots + 99 + 100$$

という足し算を毎回毎回書くのはとてもじゃないですが面倒です。そこで、この足し算を次のように書くのです。

$$\sum_{i=1}^{100} i$$

この記号はこう読みます。

- i を 1($\sum$ の下) から 100($\sum$ の上) まで 1 ずつ変化させながら ($i = 1, 2, 3, \ldots, 100$)
- それらを「すべて足す」。

要するに、次のような計算を表します。

$$\sum_{i=1}^{100} i = 1 + 2 + 3 + \cdots + 99 + 100$$

□

ですから、以下のように同じような考え方で次のように読めるわけです。

$$\sum_{i=1}^{N} e_i = e_1 + e_2 + \cdots + e_{N-1} + e_N$$

□

プログラミングに慣れている人向けの解説をするならば、これは「ループカウンタ i を使ってそれを足し続ける」というソースコードと同じであると説明するとわかりやすいかもしれません。

この書き方は、「長過ぎる足し算」あるいは「一般的な足し算」を記述するときにとても役に立ちます。

筆者の経験談ですが、いざ $\sum$ 記法に慣れてしまうと、面倒な足し算はとにかく $\sum$ を使って書きたくなるものです。数学でこの $\sum$ が出てくるとどうしても「何やらややこしそうな記号が出てきたな」と考えてしまいがちですが、実はこの $\sum$ 記号は、我々の数学ライフを快適にサポートしてくれる非常に重要な登場人物なのです。ぜひ、本書をキッカケに仲良くなっていただければ嬉しく思います。

さて、今我々は「直線の位置をこの値が最小値を取るように決定する」ことが目的だったので、結局のところ $E(a, b)$ が最小値を取るような傾きと切片 a, b を求めるのが、「いい感じの直線を求める」ということの定式化になっていそうですね。

8.2.3 ところが ··· (残差の合計を最小化することの問題点)

ところが、この方法には問題点があります。というのも、残差 e_i は、真の値 y_i よりも予測値 $ax_i + b$ のほうが大きい場合には負の値を取ります。

$$e_i = \underbrace{y_i}_{\text{実際の気温}} - \underbrace{(ax_i + b)}_{\text{気温の予測値}}$$

□

この残差が例えば「各データに対して負の値を取る」場合、

- 分布しているデータよりもずっと上に直線がある（すなわち、直線が気温を全然予測できていない）にも関わらず、
- そもそも各データの残差 e_i が負の値をとるので、その残差の総和 $E(a,b)$ もとても小さな値（負の値）をとる。

ということが言えます。しかも、これは直線がデータ群より上にあればあるほど、$E(a, b)$ はどんどん負の方向に小さくなってしまいます。要するに、次の図のようなシチュエーション下では、$E(a, b)$ はどんどん小さな値（いくらでも負の値）をとってしまうのです。

これは要するに、

- $E(a, b)$ は最小値を持たない（際限なく小さくなる）。
- しかも、$E(a, b)$ が小さくなったらなっただけ、直線がどんどんデータよりも上にいくだけで、「いい感じの直線」とは程遠くなっていくだけ。

ですので、ただなにも考えずに $E(a, b)$ を小さくしようとしても、残念ながら「いい感じの直線」は全然得られないということになります。

この問題の原因は、残差 e_i が

- 正の方向にずれるほど大きな正の値
- ずれが小さければ、0 に近い値
- 負の方向にずれるほど（絶対値が）大きな負の値

を取る値であることにあります。特に、「負の値にずれたら残差が負になってしまう」ところが問題なのです。我々は正だろうが負だろうが「ズレるのは嫌」なわけで、残差というのは「（正だろうが負だろうが）真の値と予測値がずれたら正」になってほしいわけです。

それを解決するために、残差のかわりに以下の **残差の 2 乗**を用いることにします。

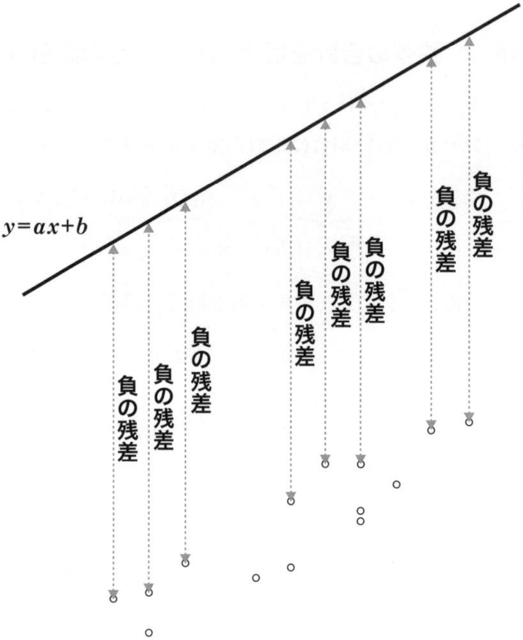

図 8.15　直線がデータ群の上にあるほど、残差の総和 $E(a, b)$ はいくらでも (負の方向に) 小さくなってしまう。

$$e_i^2 = \{ \underbrace{y_i}_{\text{実際の気温}} - \underbrace{(ax_i + b)}_{\text{気温の予測値}} \}^2$$ □

これによって、残差 e_i が正でも負でも、2 乗することによってそれは正の値に変換されます。そして、その総和を小さくするということは、各データに対して残差の 2 乗をなるべく（全体的に）小さくする、すなわち真の値と直線による予測値を可能な限り「近づける」ということに相当するはずです。

ようやく、我々が「いい感じの直線」を決定するということは、**残差の 2 乗和**

$$E(a, b) = \sum_{i=1}^{N} e_i^2$$ □

が最小値を取るように傾きと切片 a, b を求めるということだと言えそうです。もう少し数学的にかっこよく書けば、

$$\mathrm{argmin}_{a,b} E(a, b) = \mathrm{argmin}_{a,b} \sum_{i=1}^{N} e_i^2$$

を求めるのが「いい感じの直線」を求めるということです[*16]。

8.2.4 最小二乗法

このように、誤差（残差）の 2 乗和を最小化するようにパラメータを決定する手法のことを **最小二乗法** (least-squares method) と呼びます。最小二乗法は工学など様々な分野で非常に広く用いられている手法です。

それではここから、実際に

$$E(a, b) = \sum_{i=1}^{N} e_i^2 = \sum_{i=1}^{N} (y_i - ax_i - b)^2$$

を最小化するような傾きと切片 a, b を求めてみることにしましょう。

これを実行するには、「微分 $= 0$ 」を解くことにより極値を実現する値が求められるということを応用します。少し前の脚注に書いたとおり、 $E(a, b)$ は最小値（極小値）を実現する (a, b) をただひとつ持つので、以下の連立方程式

$$\begin{cases} \dfrac{\partial E}{\partial a} = 0 \\ \dfrac{\partial E}{\partial b} = 0 \end{cases}$$

を解けば、所望の最小値を実現する組 (a, b) が手に入ります[*17]。

これを SymPy でやってみましょう。ただし、ここでは簡単のために、データ数 $N = 3$ を仮定し、次ページ図 8.17 のソースコードとします。

この結果得られる a, b を見てみると $\cdots$。

```
{a: (2*x1*y1 - x1*y2 - x1*y3 - x2*y1 + 2*x2*y2 - x2*y3 - x3*y1 - x3*y2 + 2*x3*y3)/(2*x1**2 - 2*x1*x2 - 2*x1*x3 + 2*x2**2 - 2*x2*x3 + 2*x3**2),
 b: (x1**2*y2 + x1**2*y3 - x1*x2*y1 - x1*x2*y2 - x1*x3*y1 - x1*x3*y3 + x2**2*y1 + x2**2*y3 - x2*x3*y2 - x2*x3*y3 + x3**2*y1 + x3**2*y2)/(2*x1**2 - 2*x1*x2 - 2*x1*x3 + 2*x2**2 - 2*x2*x3 + 2*x3**2)}
```

図 8.16　求められた a, b の姿（注：読み取れなくても問題ないので、文字が小さくとも掲載）。

$\cdots$???という感じの結果が得られました。実はこの式を詳細に読むこと自体にはあ

[*16] 鋭い方は、「この $E(a, b)$ は最小値を持つのか？」ということに気づくかもしれません。これはとても鋭い指摘で、一般にこれを考えるためには、 **関数の凸性** (convexity) を考えるという、わりと高度な議論が必要になります。

が、この $E(a, b)$ に関しては実は簡単に「最小値を持つ」ということがわかります。なぜかと言うと、$E(a, b)$ の形をよく見ると、これは a, b それぞれについて 2 乗の係数が正の 2 次関数になっています。2 乗の係数が正の 2 次関数のグラフは下に凸な放物線になるのでしたが、これは 2 変数関数でも同じような事実が成り立つのです（お椀のような形の曲面のグラフとなる）。よって、ちょうど底になる点がただ 1 つの最小値を実現することがわかるのです。

[*17] このあたりは本当はもう少し深い解説が必要なところですが、今はまぁそんなもんなのかと思っておきましょう。

まり意味がありません。重要なのは、**$E(a, b)$ の最小値を実現する a, b の値が、データ x_1, x_2, x_3, y_1, y_2, y_3 だけでできた式によって与えられていること**です。実際に単回帰分析をおこなう際には、データ x_1, x_2, x_3, y_1, y_2, y_3 には具体的な数値が代入されるはずですから、a, b の値もやはり具体的な数値としてシンプルに求められます。

```
from sympy import * #sympy のインポート

  #データ (x1,y1),(x2,y2),(x3,y3) を定義（real=True オプションで実数に限定）
x1, x2, x3 = symbols("x1 x2 x3", real = True)
y1, y2, y3 = symbols("y1 y2 y3", real = True)

  #傾きと切片 a, b を定義（real = True オプションで実数に限定）
a, b = symbols("a b", real = True)

  #E(a, b) を定義
E = (y1 - a*x1 - b)**2 + (y2 - a*x2 -b)**2 + (y3 - a*x3 - b)**2

  #dE_a, dE_b を E(a, b) の a, b による偏導関数として定義
dE_a = diff(E, a)
dE_b = diff(E, b)

  #dE_a = dE_b = 0 を満たす a, b を求める
sol = solve({dE_a, dE_b},[a,b])
sol
  #続けて、a,b に x1=1,x2=2,x3=3,y1=1.2,y2=1.9,y3=3.1 を代入
print("a=",sol[a].subs([(x1,1),(x2,2),(x3,3),
      (y1,1.2),(y2,1.9),(y3,3.1)]),sep = "")
print("b=",sol[b].subs([(x1,1),(x2,2),(x3,3),
      (y1,1.2),(y2,1.9),(y3,3.1)]),sep = "")
```

図 8.17　SymPy で $E(a, b)$ を定義し、$\dfrac{\partial E}{\partial a} = \dfrac{\partial E}{\partial b} = 0$ を解く。

実際に、$(x_1, y_1) = (1, 1.2), (x_2, y_2) = (2, 1.9), (x_3, y_3) = (3, 3.1)$ という具体的な数値を、図 8.17 にセルを＋して、代入してみましょう。

```
#続けて、a,b に x1=1, x2=2, x3=3,
#y1=1.2, y2=1.9, y3=3.1 を代入
print("a=",sol[a].subs([(x1,1),(x2,2),(x3,3),
        (y1,1.2),(y2,1.9),(y3,3.1)]),sep = "")
print("b=",sol[b].subs([(x1,1),(x2,2),(x3,3),
        (y1,1.2),(y2,1.9),(y3,3.1)]),sep = "")
```

```
a=0.950000000000000
b=0.166666666666667
```

図 8.18　具体的なデータの値を代入すると a, b の値がわかる。

これより、例のデータ

$$(x_1,\ y_1) = (1,\ 1.2)$$
$$(x_2,\ y_2) = (2,\ 1.9)$$
$$(x_3, y_3) = (3,\ 3.1)$$

について、その回帰直線は $y = 0.95x + 0.1666...$ であることがわかりました。実際にプロットしてみると、

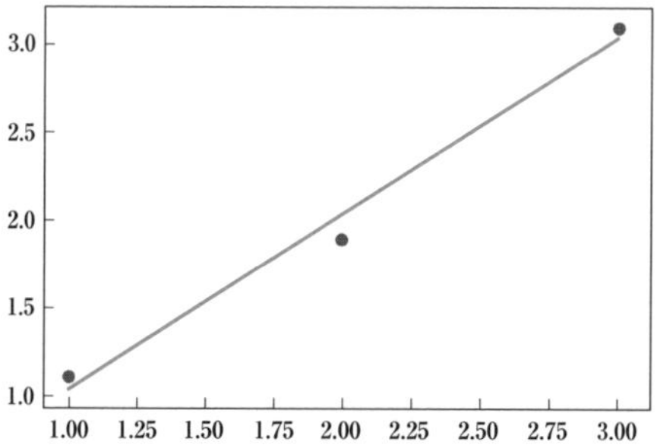

図 8.19　データと回帰直線。

見事、「いい感じの直線」が得られていることがわかりますね。

8.2.5 SymPy を使って単回帰分析をおこなった意義と、SymPy の限界

ここまで、SymPy を使って単回帰分析の流れを追いかけてみました。基礎的な数学とは一味違った、応用的な数学の考え方が味わえたのではないかと思います。

さて、この単回帰分析ですが、ぶっちゃけたことを言ってしまうと、SymPy を使ってわざわざやらずとも、もっと簡単にさくっと終わらせる方法が色々とあります。実際のところはそちらを使うことのほうが多いはずですし、「わざわざ SymPy を使ってやる旨味」がそこまでたくさんあるかというと、実はそうでもなかったりします。

であれば、ここでわざわざ SymPy を使って単回帰分析をやる意味って果たしてあったのか！？という感覚にもなることと思いますが、それは結論からいうと「ある」のです。そこを詳しく見ていきましょう。

まず、（なにも考えなくても自動的に単回帰分析をおこなってくれるような）簡単な機能に頼りっきりになることなく、式変形をしっかり追いかけながら単回帰分析の全体像を眺めることができたということです。本書の中で何度も述べていることですが、SymPy は代数計算に特化したモジュールです。SymPy 以外のモジュールを用いると、事前に（手計算などで）あらかじめ求められた a, b の形をプログラム中に直接書き込んで、実際のデータに対してそれを計算させる、みたいな流れを取るくらいしかできないのですが、SymPy は

(1) $E(a, b)$ を定義する。
(2) $E(a, b)$ を a, b で偏微分する。
(3) それを $= 0$ と置いた連立方程式を解いて a, b の値を求める。

という**「単回帰分析の本質となる流れ」**を、プログラムの中で自然に追いかけることができるのです。これは、実際にやってみたりなんかするとわかるのですが、なかなか他のモジュールで同じことができるかというと難しいものなのです。

a, b を実際に求めたときに、それらをデータ x_i, y_i を用いて表した形が得られたというのも、SymPy を用いる大きな意義だと言えるでしょう。というのも、あの「データ x_i, y_i だけを使って表された a, b の形」は、普通に手で計算するのであればある程度ややこしい微分の計算や、統計学で現れるいくつかの指標に関する知識を使うなどによって可能になるのですが、SymPy を使えばそのあたりの面倒な計算はさくっと終わらせて、a, b の形を代数的に（ごっちゃごちゃの形ですが）求めてくれましたね。これは、なかなか他のモジュールではそう上手くはできません。

ちなみに、プログラムに頼らず手計算で式変形をごりっごりおこなうと、$E(a, b)$ を最小化する a, b の値は以下のように求められます。

$$a = \frac{s_{xy}}{s_x^2}, \quad b = \overline{y} - a\overline{x}$$

□

ただし、

$\overline{x}$, $\overline{y}$ はそれぞれ、データ x_i, y_i の平均

s_{xy} はデータ (x_i, y_i) の共分散

s_x^2 はデータ x_i の分散

を表し、以下のように定義されます。

$$\overline{x} = \frac{1}{N}\sum_{i=1}^{N} x_i, \quad \overline{y} = \frac{1}{N}\sum_{i=1}^{N} y_i$$

$$s_{xy} = \frac{1}{N}\sum_{i=1}^{N}(x_i - \overline{x})(y_i - \overline{y}), \quad s_x^2 = \frac{1}{N}\sum_{i=1}^{N}(x_i - \overline{x})^2$$ □

統計学の指標を使ったこの非常にすっきりとした表現は、さすがに SymPy で半自動で求めることは難しいでしょう。こういうところにやはり、

数学の式変形を愚直に手計算でおこなう意義

もしっかりあるのです。

8.2.6 重回帰分析

単回帰分析に対して、重回帰分析では、複数（2 つ以上）の説明変数（ここでは $x_1, x_2, \ldots, x_d$ とする）から 1 つの目的変数を**多変数一次関数**を用いて単回帰分析と同様のアイデアで予測できるようにしようという方法です。すなわち、

$$y = a_0 + a_1x_1 + a_2x_2 + \cdots + a_dx_d$$

による目的変数 y の予測値が、真の目的変数 y の値との残差の 2 乗和を最小化するようにパラメータ（回帰係数）$a_0, a_1, \ldots, a_d$ を決定します。

本書ではその方法の詳細には触れませんが、線形代数と微分を組み合わせた「ベクトルによる微分」という理論を用いると、こちらも手計算によって極めて明快な形で回帰係数の形を求めることができます。

こちらも興味があれば、（ちょっと難しいですが）是非別書籍などを参照しながらでもチャレンジしてみてください。面白いですよ。□

第 9 章

付録

9.1 Python での数式に関するスペース

Python では、プログラムの書き方の標準として pep8 があります。＝＋- の前後に半角スペースを空けるほか、いろいろなルールが書いてあり、プログラマーによる記述の違いが少なくなるようにしています。参考にされるとよいでしょう（本書では本の幅の都合で、pep8 を参考にした一部オリジナルの表記です）。

```
x=a*y+2    ⟶ x = a*y + 2
x=a*y+2    ⟶ x = a * y + 2
(x,y,z)    ⟶ (x, y, z)
```

9.2 演算子、関数など

以下に、Python の基本的な演算子等の、一部をご紹介します。

計算・演算子・関数の表記法

計算・演算子・関数	SymPy 表記
（b を a に代入）	a = b
（a を b 倍にして a に代入）	a *= b
$a + b$	a + b
$a - b$	a - b
$a \times \mathrm{b}$	a * b
$3a$	3 * b
ab	a * b
$\frac{a}{b}$	a / b
a^b	a ** b
$\sin(x)$	sin(x)
$\cos(x)$	cos(x)
$\tan(x)$	tan(x)
$\sqrt{x}$	sqrt(x)
$\sqrt{x + y}$	sqrt(x + y)
π	pi
$\log(x)$	log(x)
e（ネイピア数）	E
e^x	E**x
$\log_{10} 100$	log(100, 10)
$\log_2 8$	log(8, 2)
$\log_e x$	log(x , E)
π	pi
i（虚数単位）	I（大文字）

索引

〈著者略歴〉

明 松 真 司（あけまつ　しんじ）

1989 年　北海道釧路市生まれ
2010 年　釧路工業高等専門学校情報工学科卒業
2013 年　東北大学理学部数学科卒業
2016 年　高専入試 / 高専 / 大学編入のための学習塾「ナレッジスター」を創業
2017 年 5 月　合同会社 Haikara City 設立　代表に就任
2019 年 7 月　JSC 株式会社顧問（AI アドバイザー）に就任
2020 年 4 月　仙台デザイン＆テクノロジー専門学校　講師就任

〈著　書〉

徹底攻略　ディープラーニング G 検定　ジェネラリスト問題集（インプレス）
線形空間論入門（プレアデス出版）

Python で超らくらくに数学をこなす本
—簡単な計算でも複雑な計算でも瞬く間に解く—

2021 年 7 月 9 日　　第 1 版第 1 刷発行

著　　者　明 松 真 司
発 行 者　村 上 和 夫
発 行 所　株式会社 オーム社
　　　　　郵便番号　101-8460
　　　　　東京都千代田区神田錦町 3-1
　　　　　電話　03(3233)0641(代表)
　　　　　URL https://www.ohmsha.co.jp/

組版　文研ビズ　印刷・製本　三美印刷
ISBN978-4-274-22739-4　Printed in Japan